38 3452

Christoph Riedel, Eisenbahn im Sauerland

Die 50 3122 mit einem Eilzug nach Bestwig verlässt Winterberg (September 1968)

Christoph Riedel

# Eisenbahn im Sauerland

## Schienenwege zwischen Ruhr und Sieg

GeraMond

Titelbild: Dieter Lindenblatt

Abbildung Vorsatz: Als Ersatz für die Baureihe 93 wurden ab 1960 die Einheitsloks der Reihe 86 vom Bw Bestwig aus eingesetzt. Im Februar 1963 stehen 86 492 neben 38 3452 vor dem Bestwiger Lokschuppen. Bis 1966 schieden beide Baureihen aus dem Bestwiger Bestand aus. (Foto: Ludwig Rotthowe)

Abbildung Nachsatz: Am 9. November 1965 bezwingt Lok 20 der KAE mit einem kurzen Güterzug auf der Strecke von Brüninghausen nach Lüdenscheid-Wehberg die letzten Meter der Steigung hinauf zur „Worth" in Lüdenscheid. Auf diesem Streckenstück, das ausnahmsweise nicht im Straßenplanum verlegt ist, befindet sich heute ein Wanderweg. (Foto: Dr. Rolf Löttgers)

CIP-Einheitsaufnahme
Titel: Eisenbahn im Sauerland
Christoph Riedel. – 1. Auflage
München: GeraMond Verlag, 1999
ISBN 3-932785-22-3
NE: Riedel, Christoph

ISBN 3-932785-22-3



1. Auflage 1999



Lektorat: Thomas Kersting
Layout: Thomas Kersting
Druck: Graphische Betriebe Eberl GmbH, Immenstadt
Printed in Germany

# Vorwort

Eisenbahn! Das Zauberwort der zweiten Hälfte des vorigen Jahrhunderts elektrisierte auch oder gerade auch die Menschen im verkehrsfeindlichen und dadurch wirtschaftlich benachteiligten Sauerland. Fast jedes Dorf wollte „seinen“ Bahnhof haben und lag der Ort nicht an einer Magistrale, kämpfte man doch wenigstens um den Sekundärbahnanschluss. Zwar erfüllte sich längst nicht jeder Traum von der Eisenbahn, trotzdem überzog bis zum Ersten Weltkrieg ein für die geringe Bevölkerungsdichte doch ansehnliches Netz von Eisenbahnlinien das Bergland im Süden des heutigen Bundeslandes Nordrhein-Westfalen. Die meisten dieser Linien waren freilich Neben- oder gar Kleinbahnen, nur zwei Strecken verdienen die Bezeichnung „Hauptstrecke“. Aber auch die abseits der Hauptbahnen gelegenen Strecken mit ihrem bescheidenen Verkehr trugen wesentlich zur wirtschaftlichen Entwicklung der von der Topographie her benachteiligten Region bei. Heute sind die meisten von ihnen wieder verschwunden und der Rest kämpft ums Überleben. Die Menschen des Automobilzeitalters mit ihrem Streben nach Individualität und ihrer Abneigung gegen genormte Mobilität, wie sie sich nun einmal im Verkehr nach Fahrplan ausdrückt, hat sie zum Sterben verurteilt, und so besteht die Gefahr, dass in nicht zu ferner Zukunft der Eisenbahnverkehr im Sauerland zu seinen Anfängen zurückkehrt, als sich der Schienenstrang lediglich durch die Täler von Ruhr und Lenne zog. Die Hoffnung auf ein Umdenken angesichts gravierender Umweltschäden durch das ungebremste Anwachsen des Individualverkehrs erscheint naiv. Überlebenschancen haben langfristig vielleicht die von Lüdenscheid und Iserlohn ausgehenden Nebenstrecken im nordwestlichen Sauerland, besonders wenn sie elektrifiziert und als S-Bahn betrieben, zumindest aber die Fahrzeiten nach Hagen/Dortmund wesentlich verkürzt würden. Die Bahnlinien liegen im Einzugsbereich des Ballungsraumes an der Ruhr, wo der ständig zunehmende Straßenverkehr seine eigene Entwicklung bremst und die Menschen mit ihren Stau- und Parkplatzproblemen wieder auf die Schiene verweist. Doch fällt die Vorstellung schwer, eine dieser beiden Strecken könnte einmal als S 10 oder S 12 des Verkehrsverbundes Rhein-Ruhr in den Kursbuchtabellen erscheinen. Im Gegenteil! Gerade erst hat die Deutsche Bahn zwischen Hagen-Delstern und Brügge der Volmetalbahn das zweite Streckengleis stillgelegt. Dem Kundigen wird klar, wohin die Reise geht, wenn auch die anstehende Privatisierung der Linie noch einmal Hoffnung aufkeimen lässt.
Angesichts dieser düsteren Perspektiven für den Eisenbahnverkehr im überwiegend ländlich geprägten Sauerland soll das vorliegende Buch einerseits einen Blick zurück auf die Entwicklung des Schienenverkehrs dieser Region ermöglichen, andererseits aber auch ein fotografisches Dokument des Eisenbahnverkehrs der letzten 2 Jahrzehnte sein, einer Zeit, in der die Bahn auch im Sauerland immer wieder euphemistisch eine „Angebotsumstellung“ ankündigte, wenn wieder einmal eine Bahnlinie stillgelegt wurde, und damit Schritt für Schritt das Ende der siebziger Jahre zumindest im westlichen Sauerland noch halbwegs intakte Eisenbahnnetz zerschlug.

Dieses Buch widme ich meiner verständnisvollen Frau Heidrun und meinem Sohn Sören als Dank für viele gemeinsame Fototouren.

Lüdenscheid,
im Januar 1999 — Christoph Riedel

# Inhalt


**1. Entwicklung des Streckennetzes und Betriebsgeschehens** 9

Entwicklung des Streckennetzes 10

Personen- und Güterverkehr 19

Personenverkehr im Sauerland seit Mai 1998 23

Eröffnungs- und Stilllegungsdaten 25

Triebfahrzeuge 29

**2. Die Eisenbahn erobert das Bergland – Entstehung der Ruhr-Sieg-Strecke Hagen – Siegen** 39

Nachtrag 49

**3. Vom Ruhrgebiet zur Warburger Börde – die Obere Ruhrtalbahn** 51

Die Seitenlinien 56

Niedergang einer Hauptstrecke 57

Zugverkehr im oberen Ruhrtal 60

**4. Die Volmetalbahn Hagen – Meinerzhagen** 67

Planung und Bau der Volmetalbahn Hagen – Brügge 67

Die Steilstrecke nach Lüdenscheid 69

Eisenbahnbau und Verkehrsentwicklung im oberen Volmetal 71

Triebfahrzeuge auf der Volmetalbahn 83

**5. Die Hönnetalbahn** 91

Planung und Bau 91

Triebfahrzeuge 97

**6. Bahnbetriebswerke** 99

Bw Bestwig 101

Bw Brügge 105

**7. Kleinbahnen im Sauerland** 109

Kreis Altenaer Eisenbahn (KAE) vormals Kreis Altenaer Schmalspurbahn (KAS) 110

Die Iserlohner Kreisbahn (IKB) vormals Westfälische Kleinbahnen AG 124

**8. Dornröschen im Sauerland – die Märkische Museumseisenbahn** 131

Geschichte 131

Die Fahrzeuge der Märkischen Museumseisenbahn 136

**9. Neubaustrecke ohne ICE – die Nebenbahn entlang der Biggetalsperre** 139

**10. Eisenbahnprojekte** 147

Eisenbahnprojekte im Hochsauerland 147

Eisenbahnprojekte im Raum Meinerzhagen 149

Eisenbahnprojekte im Raum Lüdenscheid 150

**11. Nahverkehrsplan des Märkischen Kreises – Eine Chance für die Bahn im westlichen Sauerland?** 153

**Quellenverzeichnis** 157

**Bildnachweis** 159

# I. Entwicklung des Streckennetzes und Betriebsgeschehens

Vor gut 150 Jahren eröffnete die Köln-Mindener-Eisenbahngesellschaft ihre Eisenbahnstrecke zwischen Köln und Minden über das nördliche Ruhrgebiet und Hamm. Ein Blick auf die Streckenkarte des Kursbuchs zeigt, dass die Streckenplaner mit dieser Linienführung einen Umweg in Kauf nahmen, denn der direkte Weg nach Minden hätte über das Bergische Land und das westliche Sauerland geführt. Kürzer wäre auch eine Linienführung im Verlauf der heutigen Strecke Köln-Wuppertal-Hagen gewesen, die als sogenannte „Elberfelder Linie" ebenfalls zur Diskussion stand. Der letztendlich gewählte Weg durch das damals noch siedlungsarme Emschertal bot nicht nur den späteren Anschluss des entstehenden Industriegebietes an die Eisenbahn, sondern zeigt auch den großen Einfluss des Reliefs auf die Eisenbahnplanungen in der Mitte des vorigen Jahrhunderts. Wie ein Keil schieben sich nämlich die Rumpfschollengebirge des Bergischen Landes und des Sauerlandes als nördlichste Teile des Rheinischen Schiefergebirges zwischen die Köln-Aachener und die Münstersche Bucht und versperren mit ihren häufig quer zu einer möglichen Direktverbindung Köln – Minden verlaufenden Flusstälern der Eisenbahn den Weg. Ein Eisenbahnbau durch dieses schwierige Terrain hätte den Bau der Strecke wesentlich verteuert, so dass sich die vor der Köln-Mindener mit der Planung befasste Rheinische Eisenbahngesellschaft unter ihrem Präsidenten Hansemann entschloss, die geländemäßig günstigste und damit billigste Linienführung unter Umgehung des verkehrsfeindlichen Gebirges zu wählen.

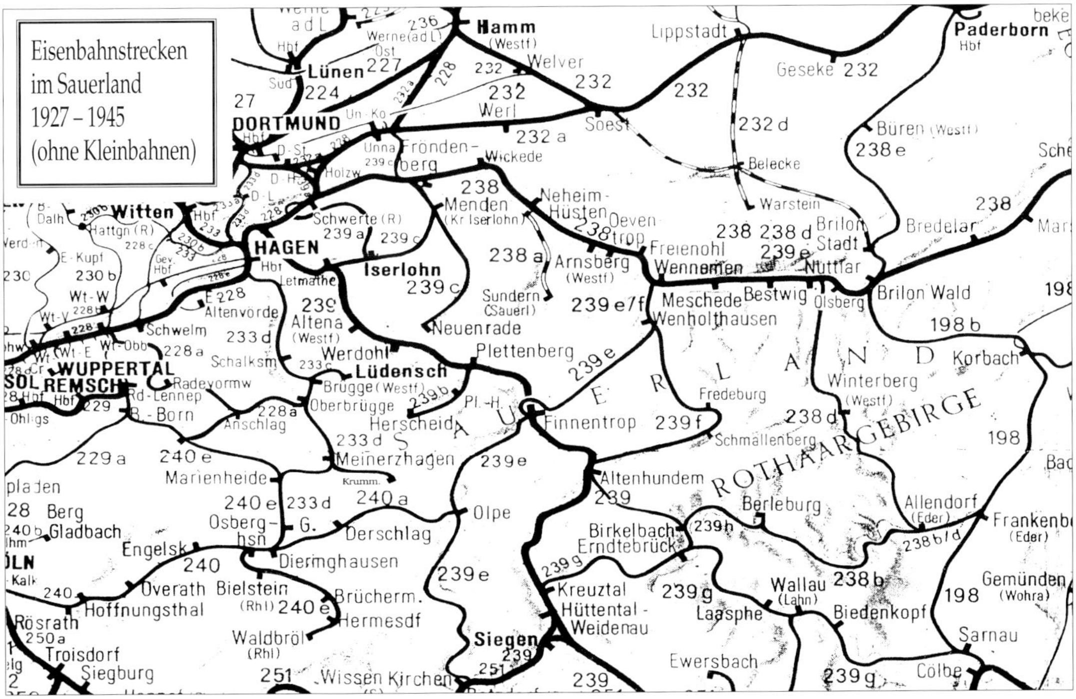

Eisenbahnstrecken im Sauerland 1927 – 1945 (ohne Kleinbahnen)

Das bis zu 843 m (Langenberg/ östliches Sauerland) hohe Mittelgebirge entstand während der variskischen Gebirgsbildungsphase im Erdmittelalter, wurde zu einem Rumpf abgetragen und zerbrach bei der Auffaltung der Alpen in zahlreiche Schollen, die in dem Bergland von Flusssystemen zerfurchte Hochflächen bilden und der Region den Namen „Land der tausend Berge“ einbrachten. Der östliche Teil dieser Region, das Sauerland, wird geographisch begrenzt durch den Arnsberger Wald im Norden, das Rothaargebirge im Süden und Osten und die sich westlich an das Volmetal anschließenden Höhen.

## Entwicklung des Streckennetzes

Zwar war die erste Bahnlinie durch das Bergische Land über Elberfeld nach Hagen bereits 1848 eröffnet worden, doch dauerte es wegen der ungünstigen topographischen Bedingungen noch weitere elf Jahre, bis das neue Verkehrsmittel Einzug in der abgelegenen Bergregion des Sauerlandes hielt, obwohl zahlreiche Betriebe in den Tälern um ihre Konkurrenzfähigkeit fürchteten und auch der Abtransport der natürlichen Schätze der Region – Holz, Kalkstein, Marmor, Schiefer beispielsweise – mit dem neuen Massenverkehrsmittel einfacher vonstatten gegangen wäre. Im Jahre 1859 eröffnete die Bergisch-Märkische Eisenbahngesellschaft schließlich das erste Teilstück der sogenannten Ruhr-Sieg-Bahn (auch: Lennetalbahn) von Hagen nach Letmathe. Bereits zwei Jahre später konnte die Eröffnung der Gesamtstrecke bis Siegen durch die Täler von Lenne und Hundem gefeiert werden. Die noch heute wichtige Hauptstrecke brachte damals Siegerländer Erz und Ruhrkohle zusammen. In mehreren Abschnitten folgte von 1870 bis 1873 die zweite große Hauptstrecke des Sauerlandes, die von Hagen ausgehend über Schwerte, Arnsberg, Meschede und Bestwig durch das obere Ruhrtal nach Brilon Wald und dann durch die Täler der Hoppecke und Diemel in Richtung Warburg (– Kassel) weiterführt (Obere Ruhrtalbahn). Damit waren die beiden größten Flusstäler des Sauerlandes durch die Eisenbahn erschlossen.

Aber nicht nur die beiden großen Hauptbahnen, auch alle anderen Eisenbahnstrecken des Sauerlandes folgten den meist tief eingeschnittenen Flusstälern. Häufig musste die Wasserscheide der verschiedenen Flusssysteme dann in einem Scheiteltunnel überquert werden:

| Strecke | Flusssystem | Scheiteltunnel(bei) | Flusssystem |
|---|---|---|---|
| Hagen – Warburg | Ruhr/Gierskoppbach | Elleringhauser Tunnel bei Olsberg | Hoppecke/Diemel |
| Hagen – Siegen | Lenne/Hundem | Rahrbacher Tunnel bei Welschen Ennest | Littfeldbach/Ferndorfbach/Sieg |
| Hagen – Dieringhausen | Volme | Meinerzhagener Tunnel bei Meinerzhagen | Wupper |
| Brügge – Lüdenscheid | Lösenbach/Volme | Lüdenscheider Tunnel | Rahmede/Lenne |
| Finnentrop – Wennemen | Lenne/Fretterbach bei Kückelheim | Kückelheimer Tunnel | Marpebach/Salwey/Wenne |
| Nuttlar – Frankenberg | Ruhr/Neger bei Winterberg | Winterberger Tunnel I | Sonneborn/Nuhne |
| Altenhundem – Birkelbach | Heinsberger Bach | Heinsberger Tunnel bei Heinsberg | Röspe |
| Finnentrop – Kirchen | Bigge | Hohenhainer Tunnel | Asdorf |

**Im Winter 1960 verlässt die 03 1076 (Bw Hagen-Eckesey) mit dem D 84 (Oberhausen – Frankfurt) den Rahrbacher Tunnel bei Welschen Ennest**

Teilweise schon während des Baus der „Oberen Ruhrtalbahn" Hagen – Bestwig (– Kassel), größtenteils aber in der Folgezeit, bildete sich ein verhältnismäßig dichtes Netz von Neben- und Kleinbahnen, das über Seitentäler die abseits gelegenen Regionen an die beiden großen Linien anbinden sollte. Noch vor der oberen Ruhrtalbahn entstand eine Stichbahn von Letmathe nach Iserlohn (1864), die in den Jahren 1872 bis 1885 Erweiterungen erfuhr, so dass schließlich eine erste Querverbindung zwischen Lenne und Ruhr mit den Endpunkten Letmathe und Fröndenberg fertiggestellt war. Eine zweite Nebenstrecke von Iserlohn aus zum Ruhrtal führte ab 1910 von Iserlohn nach Schwerte.

Wesentlich schwieriger gestaltete sich das Vorhaben, vom oberen Lennetal im Raum Altenhundem aus ebenfalls eine Verbindung ins Ruhrtal zu schaffen. Noch vor dem Bau der Bahnlinie von Hagen nach Warburg gab es um 1860 Bestrebungen, den Raum Grevenbrück/Altenhundem im Lennetal über Arnsberg und Neheim mit Soest zu verbinden, um dort Anschluss an die bereits zwischen 1850 und 1855 entstandene Linie Dortmund – Paderborn zu gewinnen. Nach Fertigstellung der Strecke Hagen – Bestwig – Warburg wurden dann Pläne geprüft, eine Verbindung von Altenhundem aus in Richtung Nuhne-/Edertal als Teil einer großen Fernverbindung Köln – Kassel zu bauen. Was aus einer solchen Hauptstrecke durch die engen und steigungsreichen Täler des Sauerlandes im Zeitalter des ICE geworden wäre, kann man am Beispiel der Ruhr-Sieg-Strecke sehen, deren Interregios vor allem wegen der geringen zulässigen Höchstgeschwindigkeit ums Überleben kämpfen. Anfang der achtziger Jahre des vorigen Jahrhunderts war dann von einer Hauptstrecke nicht mehr die Rede. Im Mittelpunkt der in der lokalen Presse leidenschaftlich geführten Diskussionen stand die Linienführung einer Nebenbahn von der Lenne zur Ruhr. Gebaut wurde aber zunächst nur eine Stichstrecke von Altenhundem aus, die 1887 bis Schmallenberg und zwei Jahre später bis Fredeburg führte. Dabei blieb es bis weit nach der Jahrhundertwende. Allerdings führte die Preußische Staatsbahn dann nicht die bereits begonnene Strecke weiter, sondern eröffnete im Januar 1911 die Strecke Finnentrop – Wenholthausen – Wennemen/Ruhr. Im November desselben Jahres erfolgte schließlich auch noch der Lückenschluss zwischen Fredeburg und Wenholthausen, so dass nun sowohl von Finnentrop als auch von Altenhundem aus eine Verbindung zur oberen Ruhr bestand. Die Züge von Altenhundem endeten in Wenholthausen; durchgehende Züge gab es nur in der Relation Finnentrop – Wennemen, so dass die Reisenden aus Richtung Altenhundem oft längere Aufenthalte in Kauf nehmen mussten.

Ab 1900 nahm auch das Streckennetz im übrigen Bereich des oberen Ruhrtals seine endgültige Form an. Noch vor der Jahrhundertwende (1898) entstand die Strecke Brilon – Belecke, ein Jahr später folgte das Teilstück Belecke – Soest. Zur selben Zeit entstand von Brilon Wald aus über Brilon Stadt eine Verbindung nach Paderborn am Eggegebirge. Ebenfalls zu Beginn des neuen Jahrhunderts wurde das Röhrtal von Neheim aus in Richtung Sundern erschlossen. Es folgten zwischen 1901 und 1914 die weiteren, bisher noch nicht genannten Seitenlinien der oberen Ruhrtalbahn: 1902–1908 Nuttlar – Winterberg – Frankenberg/Eder, 1912 Menden – Neuenrade(Hönnetalbahn) und 1914 schließlich Brilon Wald – Willingen.

Aber auch von der Ruhr-Sieg-Strecke aus wurden neben den bereits vorgestellten Verbindungen zur oberen Ruhrtalbahn mehrere weitere Seitenlinien gebaut. Während der Diskussionen über die Linienführung der Ruhr-Sieg-Strecke war auch eine Variante durch das Biggetal über Attendorn und Olpe diskutiert worden. Obwohl die Strecke schließlich doch durch das Tal der Hundem führte, brauchten die Bewohner des Biggetals nicht lange auf einen Eisenbahnanschluss warten. In den Jahren 1874 und 1875 baute die BME von Finnentrop an der Lenne aus die Teilstücke Finnentrop – Attendorn und Attendorn – Olpe. Diese Nebenbahn führte später weiter bis Kirchen an der Siegtalbahn Siegen – Köln. Zum Nebenbahnknoten wurde die Kleinstadt Olpe durch eine weitere Nebenstrecke, die über Bergneustadt in Dieringhausen im Bergischen Land Anschluss an die Aggertalbahn fand. Hier verkehrten Anfang der sechziger Jahre die sogenannten „Kardinalszüge" Köln – Olpe – Finnentrop – Brilon Wald – Paderborn quer durch das ganze Sauerland.

Nach Fertigstellung der bereits oben erwähnten Querverbindungen von Finnentrop/Altenhundem nach Wennemen an der Ruhrstrecke entstanden vom Lennetal aus nur noch zwei weitere Nebenbahnen: 1914 eröffnete die Preußische Staatsbahn den Verkehr auf der Strecke Altenhundem – Birkelbach, ein Jahr später war der kleine Ort Herscheid durch eine Nebenbahn nach Plettenberg an die Ruhr-Sieg-Strecke angeschlossen. Im selben Jahr, am 1. Dezember 1915, wurde im Raum Siegen ein Streckenstück eröffnet, das zwar nicht im Sauerland liegt, aber für die Ruhr-Sieg-Strecke als Fernbahn außergewöhnliche Bedeutung erlangte. Bis zu diesem Zeitpunkt mussten Züge, die von Hagen kommend weiter in Richtung Dillenburg/Gießen verkehrten, in Betzdorf an der Siegtalbahn „kopfmachen", um über die kurvenreiche „Hellertalbahn" Betzdorf – Haiger Richtung Gießen weiterzufahren. An besagtem Tag konnte mit der Eröffnung einer Neubaustrecke zwischen Weidenau und Haiger auf das Wenden der Lokomotive verzichtet werden. Außerdem ergab sich eine wesentliche Verkürzung der Strecke und damit auch der Fahrzeit zwischen Hagen und Gießen.

Die einzige bedeutende Strecke ohne direkte Verbindung zu den beiden großen Hauptstrecken ist die von 1874 bis 1892 in Etappen eröffnete Volmetalbahn von Hagen über Brügge und Meinerzhagen ins Bergische Land nach Dieringhausen, die selbst wieder drei Seitenlinien aufweist. Zuerst entstand 1880 die etwa sechs Kilometer lange Steilstrecke von Brügge aus durch das Lösenbachtal nach Lüdenscheid. Diese Strecke bereitete den Eisenbahnern mit einer Steigung von 1: 36 bis zur Ablösung der

**Das alte Brügger Bahnhofsgebäude**

Dampflokomotiven erhebliche Probleme und der Betrieb erforderte lange Zeit die Bereitstellung von Schublokomotiven auf der Station Brügge. 1910 folgte von Oberbrügge aus eine Nebenbahn ins Bergische Land nach Wipperfürth; in Anschlag gab es einen Abzweig Richtung Wuppertal – Steinbeck über Radevormwald. Durch diese Strecke wurde die kleine Eisenbahnersiedlung Brügge zu einem bedeutenden Nebenbahnknoten mit eigenem Bahnbetriebswerk. Das gesamte Streckennetz des Sauerlandes war zu Beginn des Ersten Weltkriegs praktisch vollendet. Als einzige Staatsbahnstrecke ist die Nebenstrecke von Meinerzhagen an der Volmetalbahn nach Krummenerl erst 1927 eröffnet worden. Allerdings musste Anfang der sechziger Jahre wegen des Baus der Biggetalsperre die Nebenbahn Olpe – Finnentrop zwischen Olpe und Attendorn völlig neu gebaut werden, wobei mehrere aufwendige Brücken- und Tunnelbauwerke erforderlich waren, um die Trasse von der Talsohle auf die Berghänge zu verlegen.

Die Seitenlinien der drei von Hagen ausgehenden Linien nach Siegen, Warburg und Dieringhausen waren meist durchgehende Strecken; nur von Neheim nach Sundern, von Brügge nach Lüdenscheid, von Plettenberg nach Herscheid und von Meinerzhagen nach Krummenerl begnügte man sich mit Stichbahnen, die mit Ausnahme der Röhrtalbahn Neheim – Sundern allerdings ursprünglich auch als Teile von Durchgangslinien geplant waren. So sollte die Nebenbahn Meinerzhagen – Krummenerl in Olpe Anschluss an die Strecke Finnentrop – Olpe – Kirchen finden, bzw. über Olpe weiter nach Kreuztal geführt werden. Durch eine Nebenbahn Lüdenscheid – Herscheid sollten darüber hinaus die beiden anderen Stichbahnen als Querverbindung von der Volme- zur

**Blick auf den Lüdenscheider Bahnhof vor der Jahrhundertwende**

Lennetalbahn genutzt werden. Diese Strecke war sogar als Teilstück einer überregionalen Hauptbahn Köln – Kassel im Gespräch. Die Durchführung scheiterte allerdings ebenfalls an den bereits genannten reliefbedingten Problemen.

Auch nach weitgehender Vollendung des Staatsbahnnetzes waren wirtschaftlich starke Gebiete besonders im westlichen Sauerland in den Seitentälern von Lenne und Volme nicht an das Eisenbahnnetz angeschlossen. Hier rentierte sich der Bau von Vollbahnen wegen der Enge der Täler nicht, so dass der Anschluss an die Staatsbahnstrecken durch Kleinbahnen erfolgte. Bedeutendste Kleinbahngesellschaft in diesem Raum war sicherlich die auch überregional bekannte Kreis-Altenaer-Schmalspurbahn (später in Kreis-Altenaer-Eisenbahn/KAE umbenannt). Diese Gesellschaft betrieb Kleinbahnstrecken von Lüdenscheid aus ins Lennetal und verschaffte der in dieser Region bedeutenden Kleineisenindustrie die lange ersehnte Verbesserung der Transportmöglichkeiten. Eine weitere, vom übrigen Netz isolierte Strecke der Kleinbahngesellschaft führte von Halver aus ins Volmetal nach Schalksmühle. Ein ebenfalls umfangreiches Streckennetz besaß die ehemalige Iserlohner Kreisbahn (früher: Westfälische Kleinbahnen AG), deren Linie zwischen Hagen und Hemer mit ihren verschiedenen Streckenästen allerdings als Straßenbahn konzessioniert war. Lediglich die Verbindung von Westig aus über Ihmert ins Lennetal bei Altena wurde als elektrische Kleinbahn betrieben. Das Lennetal war überhaupt Ziel der meisten Kleinbahnstrecken im Sauerland. Neben der KAE und der Iserlohner Kreisbahn führten auch die Strecken der Hohenlimburger Kleinbahn und der Plettenberger Kleinbahn (früher: Plettenberger Straßenbahn) zur Ruhr-Sieg-Strecke. Dabei bediente die HKL mit ihrer Güterverkehrsstrecke von Hohenlimburg aus die metallverarbeitenden Betriebe des Nahmertals, während die PKB von Plettenberg aus ins Else- und Östertal fuhr.

**Triebwagen 208 der Hagener Straßenbahn AG am Endpunkt der Kleinbahn Haspe – Voerde – Breckerfeld**

Am Rande des Sauerlandes entstand südwestlich von Hagen zwischen 1901 und 1907 schließlich mit der Kleinbahn Haspe-Voerde-Breckerfeld die letzte der westsauerländischen Kleinbahnen. Sie verband Haspe an der Hauptstrecke Hagen – Wuppertal – Köln mit der ehemaligen Hansestadt Breckerfeld. Diese Stadt besaß wegen ihrer exponierten Lage auf den westlichen Höhen des Sauerlandes bisher lediglich Bahnanschluß durch die sechs Kilometer entfernte Station Priorei der Volmetalbahn. Die Kleinbahn wurde 1927 elektrifiziert und endete schließlich als Teil des Streckennetzes der Hagener Straßenbahn AG.

Im übrigen Sauerland entstanden nur wenige Kleinbahnen. Die Ruhr-Lippe-Kleinbahn verband 1898 Arnsberg mit den nicht mehr zum Sauerland gehörigen Hellwegstädten Soest und Werl (Spurweite 75 cm). Eine rein sauerländische Strecke war dagegen die am 1. 2. 1907 eröffnete Linie von Arnsberg nach Neheim durch das Ruhrtal, ebenso wie die noch weiter östlich gelegene Kleinbahn Steinhelle – Medebach. In den Jahren 1902/03 gebaut, führte die Kleinbahn von Medebach im Hochsauerland nach Steinhelle an der Staatsbahnstrecke Nuttlar – Winterberg (– Frankenberg).

Wie überall in Deutschland wurden auch im Sauerland die zuletzt eröffneten Strecken zuerst wieder stillgelegt, wenn sich auch meist noch Güterverkehr teilweise bis in die heutige Zeit hinein halten konnte. Zwar erfolgte die allererste Stilllegung zwischen Würdinghausen und Röspe (Strecke Altenhundem – Birkelbach) auf einer Strecke, die bereits 1914 in Betrieb ging, hier lag der Stilllegungsgrund zu diesem frühen Zeitpunkt aber in den Ereignissen der letzten Kriegsmonate begründet. Beim Heranrücken der Amerikaner im April 1945 hatte die deutsche Wehrmacht mehrere Brücken gesprengt, so dass der durchgehende Betrieb unterbrochen war. Wegen des nicht sehr umfangreichen Verkehrs auf der Strecke wurden die zerstörten Brücken nach dem Krieg nicht mehr aufgebaut; damit endete auch der Personenverkehr zwischen Birkelbach und

**Vier Loks der Reihe 93 führen die Belastungsprobe auf der Brücke bei Meinerzhagen durch. Die Strecke Meinerzhagen – Krummenerl wurde erst 1927 eröffnet, bereits 1955 wurde der Personenverkehr eingestellt**

Röspe. Die erste „normale" Betriebseinstellung betraf die erst 1927 eröffnete 12 Kilometer lange Stichstrecke von Meinerzhagen nach Krummenerl, auf der die DB am 2. Oktober 1955 den Personenverkehr enden ließ. Auf dieser Strecke findet aber bis heute ein umfangreicher Schotterverkehr statt, dessen Verlagerung auf die Straße leider immer wieder diskutiert wird.

Während in den fünfziger Jahren mit Altenhundem – Würdinghausen nur noch eine weitere Strecke für den Personenverkehr geschlossen wurde, begann in den Sechzigern die erste große Stilllegungswelle, die nun auch Gesamtstilllegungen brachte. Betroffen war vor allem das Hochsauerland, das nach 1966 keine durchgehende Nebenbahn mehr besaß. 1964 und 1966 wurde in zwei Schritten der Personenverkehr auf den Ruhr und Lenne verbindenden Strecken von Finnentrop und Altenhundem nach Wennemen an der oberen Ruhrtalbahn eingestellt. Zwischen Finnentrop und Serkenrode fand aber noch für fast 20 Jahre Güterverkehr statt. Auch Schmallenberg und Eslohe waren nach der Einstellung des Personenverkehrs bis Ende 1994 weiterhin von Wennemen aus im Güterverkehr erreichbar. Ebenfalls 1966 wurde die von Bestwig/Nuttlar aus in Richtung Frankenberg führende Linie im Personenverkehr zur Stichstrecke mit dem Endpunkt Winterberg. Das westliche Sauerland verlor in den sechziger Jahren mit der Strecke Oberbrügge – Radevormwald (1964) zwar die Direktverbindung mit Wuppertal und auch zwischen Herscheid und Plettenberg war es mit dem Schienenpersonenverkehr 1966 vorbei, zu weiteren Streckenstilllegungen kam es aber erst fast 20 Jahre später. In den Jahren zwischen 1970 und 1980 wurde vor allem im nördlichen Sauerland der Personenverkehr auf die Straße verlagert. Dies betraf die Bundesbahnstrecke von Brilon Wald nach Alme (1974) und die beiden Privatbahnstrecken Warstein – Lippstadt (Westfälische Landeseisenbahn 1976) und Neheim-Hüsten – Sundern (Röhrtalbahn 1977). Als im Dezember 1979 auch auf der Linie Olpe – Dieringhausen der Personenverkehr eingestellt wurde, waren auch Volme- und Lennetalbahn nicht mehr miteinander verbunden. Mit Ablauf der achtziger Jahre gab es im Sauerland durchgehenden Eisenbahnverkehr nur noch auf den beiden großen Hauptstrecken. Nachdem 1981 der Verkehr zwischen Bad Berleburg und Frankenberg eingestellt worden war, folgte zwei Jahre später das Teilstück Olpe – Kirchen der Strecke Finnentrop – Kirchen. 1986 traf es die Volmetalbahn zwischen Brügge und Marienheide im Bergischen Land. Auf dieser Hauptbahn, die bis 1979 noch durchgehende Eilzüge zwischen Hagen und Köln verzeichnete, erfolgte zwischen Meinerzhagen und Marienheide sogar die Gesamtstilllegung. Lediglich Sonderzüge befahren gelegentlich das inzwischen bis Gummersbach stillgelegte Streckenstück. Die vorerst letzte Einstellung des Personenverkehrs auf einer rein sauerländischen Strecke erfolgte im Mai 1989, als die letzten Nahverkehrszüge der Strecke Letmathe – Menden zwischen Iserlohn und Menden verkehrten. Damit verlor Menden seine Funktion als Abzweigbahnhof und Iserlohn wurde zum „doppelten Kopfbahnhof" der verbliebenen Kursbuchstrecken Iserlohn – Schwerte – Dortmund und Iserlohn – Letmathe.

In den neunziger Jahren stellte die Bahn dann auf verschiedenen Linien auch noch den Güterverkehr ein. Zwischen Bergerhammer und Schmallenberg (Strecke Wennemen – Finnentrop), Wenholthausen und Eslohe (Strecke Wenholthausen – Altenhundem), Oberbrügge und Halver (Strecke Brügge – Radevormwald – Wuppertal), Iserlohn und Hemer, Plettenberg – Eiringhausen und Plettenberg – Oberstadt wird in Zukunft kein Eisenbahnzug mehr fahren. Oder doch? Zumindest für die Strecke Oberbrügge – Halver gibt es Hoffnung. Zwei Unternehmer äußerten in der Lokalpresse vor einiger Zeit die Absicht, die Strecke zunächst für den Güterverkehr zu reaktivieren; auch späterer Personenverkehr wurde nicht ausgeschlossen. Dem Autor möge man gestatten, dieses Vorhaben mit einer gewissen Skepsis zu betrachten. Hoffnung lässt eher der im vorigen Jahr erschienene „Verkehrsplan des Märkischen Kreises" aufkeimen, der eine

**Die 93 1093 mit einem Personenzug aus „Donnerbüchsen" in Dahlerau (Strecke Wuppertal – Brügge)**

**Im Sommer 1962 begegnet uns die 50 412 mit dem D-Zug Bad Wildungen – Amsterdam bei Usseln**

Reaktivierung von stillgelegten Strecken im westlichen Sauerland für vertretbar hält (Vgl. auch unten Kapitel 11)

Nicht mehr im Sauerland gelegen ist das Streckenstück Willingen – Usseln der von Brilon Wald nach Korbach führenden Strecke, auf der früher die D-Züge Amsterdam – Bad Wildungen rollten. Hier wurde der Verkehr am 26. März 1997 „aus technischen Gründen" eingestellt, inzwischen verkehren die Züge aber wieder bis Korbach.

Schienenpersonenverkehr bietet die Deutsche Bahn kurz vor der Privatisierung mehrerer sauerländischer Strecken im Frühjahr 1998 noch auf folgenden Strecken an:

*Hagen – Bestwig – Warburg (– Kassel)*
*Hagen – Siegen*
*(Dortmund –) Hagen – Brügge – Lüdenscheid*
*Letmathe – Iserlohn*
*(Dortmund –) Schwerte – Iserlohn*
*(Unna –) Fröndenberg – Neuenrade*
*Finnentrop – Olpe*
*Bestwig – Nuttlar – Winterberg*
*Brilon Wald – Willingen (– Korbach)*

Am Rande des Sauerlandes gibt es auch noch Nahverkehrszüge zwischen Bad Berleburg und Siegen.

## Personen- und Güterverkehr

Wegen der geringen Zahl bedeutender Hauptstrecken hatte der Personenverkehr im Sauerland auf den meisten Strecken lediglich regionalen oder lokalen Charakter. Fernreisezüge verkehrten immer schon nur auf den beiden Strecken durch Lenne- und Ruhrtal. Trotzdem gab es auch auf den Nebenstrecken einige Zugverbindungen über längere Entfernungen. Schon im Winter 1912 wurden Sonderzugläufe von Düsseldorf und mehreren Großstädten des Ruhrgebiets aus in die Wintersportgebiete von Fredeburg und Winterberg eingerichtet. Die Züge nach Winterberg haben sich bis in die heutige Zeit hinein gehalten. In den dreißiger Jahren kam eine Eilzugverbindung von

Arnheim nach Bad Wildungen hinzu, die später auch nach Amsterdam führte. Diese Züge legten natürlich den Großteil ihres Weges im Sauerland auf der Ruhrtalbahn zurück. Längere Zugläufe abseits der beiden großen Hauptstrecken gab es im Volmetal, wo Eilzüge zwischen Hagen und Köln und 1957 für ein Jahr auch zwischen Lüdenscheid und Amsterdam(!) verkehrten. Nach dem Zweiten Weltkrieg richtete die Deutsche Bundesbahn eine Eilzugverbindung zwischen Bremen und Frankfurt ein. Die Eilzüge E 151/152 fuhren seit dem 5. Januar 1950 von Bremen aus über Sulingen, Bünde, Herford, Paderborn, Brilon, Korbach und Marburg nach Frankfurt. Dabei benutzten sie die Strecken Paderborn – Brilon Wald und Brilon Wald – Korbach im östlichen Sauerland. Obwohl der lokale Reiszugverkehr zwischen Büren und Brilon bereits Mitte der sechziger Jahre eingestellt worden war, verkehrte dieses Eilzugpaar noch bis zum 29. September 1974. Wesentlich kürzer war die Lebenszeit des sogenannten „Kardinalszuges" von Paderborn über Wennemen, Finnentrop, Olpe und Dieringhausen nach Köln. Im Jahr 1963 eingerichtet, fiel dieses Angebot schon bald der Streckenstilllegung zwischen Ruhr- und Lennetal zum Opfer.

Der übrige Reisezugverkehr im Sauerland war wesentlich weniger spektakulär. Im Gegensatz zu heute besaß zu Beginn des Eisenbahnzeitalters der Personenverkehr auf den Sauerländer Strecken eine weitaus geringere Bedeutung als der Güterverkehr. In der Anfangszeit verkehrten beispielsweise auf der Strecke Finnentrop – Rothemühle täglich drei Züge in beiden Richtungen und im Ruhrtal gab es ebenfalls zunächst nur zwei bis drei Personenzugpaare, während der Güterverkehr in den ersten Jahren dieser Strecke schon recht dicht war. Auch die wesentlich später eröffnete Nebenbahn von Altenhundem nach Wennemen (– Meschede)

**Die 01 1105 vom Bw Kassel bekommt im Mai 1964 auf der Steigung zwischen Olsberg und Elleringhausen Schubhilfe von einer Bestwiger Lok der Baureihe 50**

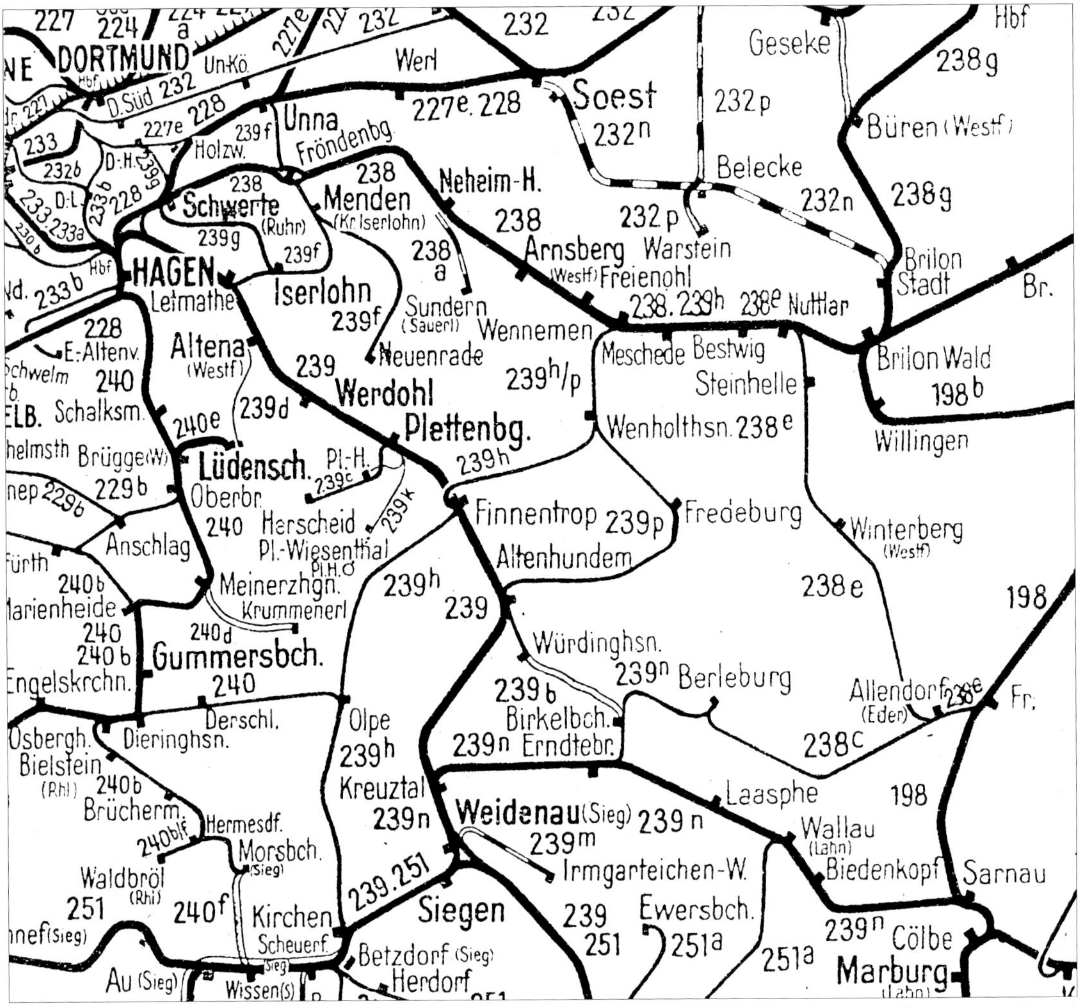


**Streckenkarte des Sauerlandes aus dem Kursbuch von 1959. Bis auf Meinerzhagen – Krummenerl und Würdinghausen – Birkelbach sind noch alle Strecken in Betrieb**

wurde im Eröffnungsjahr 1911 nur von vier Personenzügen in jeder Richtung befahren. Bis in die Reichsbahnzeit hinein hatte sich daran auf vielen Strecken recht wenig geändert. Auf der Strecke Bestwig – Frankenberg verkehrten zum Beispiel im Sommer 1934 vier Züge je Richtung und auf der Linie Wennemen – Finnentrop – Olpe – Kirchen wurden im Winter 1939 auf den verschiedenen Teilstücken fünf bis sieben Züge in jeder Richtung angeboten. Ein ähnlich dünnes Angebot bestand in dieser Zeit auf fast allen Sauerländer Nebenbahnen. Lediglich auf der als Hauptbahn eingestuften Strecke zwischen Hagen und Brügge (13 Zugpaare) und auf der Steilstrecke Brügge – Lüdenscheid (17/18 Züge) war die Zugfolge erheblich dichter. Sehr unterschiedlich war auch die tägliche Betriebsdauer. Während der letzte Zug auf der Strecke Frankenberg – Winterberg – Bestwig bereits kurz vor 20.00 h seinen Zielbahnhof erreichte, war es im Volmetal noch bis ein Uhr in der Nacht möglich, die Bergstadt Lüdenscheid auf dem Schienenweg zu erreichen. Der Verkehr auf den beiden großen Hauptstrecken war natürlich wesentlich dichter. Neben den zahlreichen Zügen des Nahver-

kehrs verzeichneten die Fahrpläne der Ruhr-Sieg-Strecke in den dreißiger Jahren mehrere Eilzüge und die beiden D-Zugpaare D 81/82 (Frankfurt – Essen) und D 275/276 (Frankfurt – Dortmund). Das Zugangebot auf der Oberen Ruhrtalbahn war dem der Lennetalbahn vergleichbar. (Vgl. Kapitel 3)
Zwanzig Jahre später fällt auf, dass bei erheblich verdichteten Fahrplänen immer öfter das Bussymbol in den Fahrplantabellen erschien. Der Zugverkehr war 1959 zwar auf einigen wenigen Nebenstrecken ausgedehnt worden, insgesamt kam die Ausweitung des Angebots aber hauptsächlich den Buslinien zugute. Dies wird sehr deutlich bei einer Gegenüberstellung der Nebenbahn von Wenholthausen nach Altenhundem und des Streckenstücks Olpe – Finnentrop der Nebenbahn Wennemen – Finnentrop – Kirchen. Zwischen Wenholthausen und Altenhundem konnte man im Winter 1958/59 drei Züge in jeder Richtung nutzen. Durchgehende Busverbindungen gab es werktäglich aber bereits siebzehn! Umgekehrt war es auf der Strecke durch das Biggetal. Vierzehn Zügen in Richtung Olpe stand nur eine durchgehende Busverbindung gegenüber. So wurden in den Fahrplänen dieses Jahres die Perspektiven für die Sauerländer Nebenstrecken bereits deutlich: Sechs Jahre später endete der Zugverkehr von Altenhundem nach Wenholthausen; zwischen Olpe und Finnentrop dagegen fahren auch heute noch Eisenbahnzüge.
Auf den beiden Hauptstrecken durch Lenne- und Ruhrtal hatte sich Ende der fünfziger Jahre gegenüber der Vorkriegszeit nicht viel geändert. Im Ruhrtal gab es allerdings nur noch ein D-Zugpaar Köln – Kassel, alle anderen weitreichenden Züge – sogar das ehemalige Schnellzugpaar D 29/30 Köln – Berlin, inzwischen auf den Laufweg Aachen – Braunschweig verkürzt – waren als Eilzug eingestuft. Im Lennetal fuhren in diesem Jahr neben verschiedenen Eilzugpaaren auch weiterhin zwei D-Züge in jeder Richtung. Ausgangspunkt war wie auch vor dem Krieg der Frankfurter Hauptbahnhof, die Zielbahnhöfe hießen aber nun Düsseldorf und Essen.

Im Jahresfahrplan 1998/99 weist allein die seit dem 15. Mai 1965 elektrifizierte Ruhr-Sieg-Strecke mit ihren Interregiozügen der Linie 22 zwischen Münster und Frankfurt hochwertigen Reisezugverkehr auf. Die Züge halten im Sauerland in den Orten Werdohl, Finnentrop und Altenhundem. Der übrige Personenverkehr auf dieser Strecke besteht aus Regionalbahnzügen, die zwischen Hagen und Au/Sieg über Siegen verkehren. Seit Mai 1998 gibt es morgens auch zwei aus dem Lennetal direkt nach Düsseldorf verkehrende Züge, die am Nachmittag zurückkehren. Zwischen Hagen und Letmathe benutzten bis Sommer 1998 zusätzlich SE-Doppelstockzüge die Strecke. Sie verbanden werktags im Stundentakt Aachen und Iserlohn; am Wochenende wurde Iserlohn allerdings nur alle zwei Stunden angelaufen. Seitdem enden die Aachener Züge in Hagen. Als Ersatz lässt die Deutsche Bahn RB-Züge der Linie Essen – Hagen bis Iserlohn durchlaufen (RB 40). Diese Zugverbindungen sind ohne Lokwechsel möglich, weil das Streckenstück Letmathe – Iserlohn wie die Ruhr-Sieg-Strecke elektrifiziert ist. Wegen umfangreicher Streckensanierungsarbeiten ist der Zugverkehr zwischen Iserlohn und Letmathe seit dem 27. 9. 1998 allerdings vorübergehend eingestellt.
Auf der anderen Hauptbahn, der Oberen Ruhrtalbahn, verkehrten bis zum Fahrplanwechsel 1998 tagsüber RE-Züge stündlich von Hagen nach Warburg. Alle zwei Stunden wurden sie bis Kassel-Wilhelmshöhe weitergeführt. Morgens und abends führten auch einige Züge von oder nach Essen. In den Sommermonaten gab es darüber hinaus einzelne Verbindungen zwischen Duisburg/Essen und den Fremdenverkehrsorten Winterberg und Willingen(Strecke Brilon – Wald – Korbach).
Die in den vergangenen Jahren alle zwei Stunden von Essen aus über Hagen und Bestwig direkt nach Winterberg verkehrenden Züge hatte die DB zugunsten weiterer Verbindungen Richtung Warburg/Kassel aufgegeben. Dafür gab es nun alle zwei Stunden Pendelzüge zwischen Bestwig und Winterberg.

| | |
|---|---|
| **RB 40** | **Iserlohn – Letmathe – Hagen – Essen**<br>(Stundentakt werktags zwischen 6.00 Uhr und 23.00 Uhr, am Wochenende zeitweilig Zweistundentakt) |
| **RB 52** | **Lüdenscheid – Hagen – Dortmund**<br>(Stundentakt zwischen 5.00 Uhr und 21.00 Uhr, am Wochenende reduziertes Angebot. Ab 1. 1.1999 gibt es Verbesserungen in den Tagesrandlagen) |
| **RB 53** | **Iserlohn – Schwerte – Dortmund**<br>(Stundentakt werktags – zwischen Schwerte und Dortmund Halbstundentakt; am Wochenende reduziertes Angebot) |
| **RB 54** | **Neuenrade – Fröndenberg – Unna**<br>(Stundentakt werktags zwischen 5.00 Uhr und 21.00 Uhr; Fahrplanverdichtungen auf Teilstrecken; am Wochenende reduziertes Angbot)) |
| **RB 55** | **Bestwig – Winterberg**<br>(Stundentakt zwischen 6.00 Uhr und 21.00 Uhr; am Wochenende reduziertes Angebot) |
| **RB 56** | **Brilon Wald – Willingen – Korbach**<br>(Zweistundentakt zwischen 7.00 Uhr und 19.00 Uhr; am Wochenende reduziertes Angebot; saisonal freitags D-Zug-Paar Duisburg – Korbach) |
| **RB 91** | **Hagen – Letmathe – Finnentrop – Altenhundem – Siegen – Au/Sieg**<br>(Stundentakt werktags zwischen 4.00 Uhr und 0.00 Uhr; in Tagesrandlagen Fahrplanverdichtungen im Raum Siegen; am Wochenende reduziertes Angebot) |
| **RB 92** | **Olpe – Finnentrop**<br>(Stundentakt zwischen 5.00 Uhr und 22.00 Uhr; am Wochenende reduziertes Angebot) |
| **RB 93** | **Siegen – Erndtebrück – Bad Berleburg (am Rande des Sauerlandes)**<br>(Werktags Stundentakt zwischen 6.30 h und 20.30 h; in Tagesrandlagen Einzelzüge auf Teilstrecken; am Wochenende reduziertes Angebot) |
| **RE 17** | **Hagen – Fröndenberg – Brilon Wald – Warburg – Kassel**<br>(Stundentakt abwechselnd von Hagen nach Warburg mit IR-Anschluss nach Kassel oder von Hagen direkt nach Kassel-Wilhelmshöhe; vor 6.00 Uhr und nach 20.00 Uhr verkehren die Züge nur auf Teilstrecken) |
| **RE 57** | **Schwerte – Meschede (Teil der Strecke RE 17)**<br>(Werktags Zweistundentaktzwischen 8.00 Uhr und 17.00 Uhr) |
| **IR 22** | **Münster – Hagen – Altenhundem – Siegen – Gießen – Frankfurt (Main)**<br>(Acht Zugpaare im Zweistundentakt werktags, samstags und sonntags je ein Zug weniger; der erste Zug morgens und der letzte abends verkehren nur von/nach Siegen, ein Zugpaar läuft zwischen Norddeich Mole und Frankfurt) |

# Personenverkehr im Sauerland seit Mai 1998

Seit dem Fahrplanwechsel im Mai 1998 hat sich an dem zweistündigen Wechsel der Ziele Warburg und Kassel-Wilhelmshöhe nichts geändert. Der Stundentakt dieser nun grundsätzlich in Hagen Hbf beginnenden Linie RE 17 wird aber durch einen Zweistundentakt auf der neu eingerichteten RE-Linie 57 zwischen Meschede und Schwerte überlagert. Außerdem kann der Reisende auf der Oberen Ruhrtalbahn ein saisonal freitags verkehrendes D-Zug-Paar zwischen Duisburg und Korbach nutzen. Den Zweistundentakt auf der Strecke Bestwig – Winterberg hat die DB verdichtet. Zwischen 6.00 Uhr und 21.00 Uhr fahren nun zumindest werktags stündlich Triebwagen den Fremdenverkehrsort am Kahlen Asten an.

Auf den übrigen Sauerländer Bahnstrecken wurden bis Mai 1998 werktags meist Züge im Stundentakt angeboten. Sie verkehrten zwischen Lüdenscheid und Dortmund über Hagen, von Iserlohn aus über Schwerte ebenfalls nach Dortmund, im Hönnetal von Neuenrade aus über Fröndenberg nach Unna und schließlich zwischen Olpe und Finnentrop entlang der Biggetalsperre. Am Wochenende war dieser Stundentakt unterbrochen, zwischen Olpe und Finnentrop konnte man sonntags sogar nur alle zwei Stunden fahren. Fahrplanverdichtungen gab es zwischen Iserlohn und Dortmund in den frühen Morgenstunden. Hier bot die Bahn den Fahrgästen seit geraumer Zeit einen Halbstundentakt an.

Mit Beginn des „Integralen Taktfahrplans Nordrhein-Westfalen" im Mai 1998 bietet die Bahn überall zumindest werktags einen Stundentakt an. Der gesamte Schienenpersonenverkehr im Sauerland verteilt sich auf neun Regionalbahn- und zwei Regionalexpresslinien. Hinzu kommt eine IR-Verbindung. An den Laufwegen der Züge hat sich nicht viel geändert. Lediglich im Ruhrtal (RE 57) und auf der Strecke von Iserlohn nach Hagen (RB 40) haben sich die bereits oben erwähnten Veränderungen ergeben.

Erst seit Mai 1998 wird auf der Hönnetalbahn (Unna –) Menden – Neuenrade wieder am Wochenende Zugverkehr angeboten. Hier herrschte schon seit längerer Zeit zwischen Samstag mittag und Montag morgen Betriebsruhe.

Die Fahrgeschwindigkeiten auf den kurvenreichen Nebenbahnen sind gering. Die „schnellsten" Züge fahren zwischen Iserlohn und Dortmund und im Negertal zwischen Winterberg und Bestwig. Hier werden durchschnittliche Fahrgeschwindigkeiten von 49 km/h erzielt, während es im Hönnetalbahn wie zur Dampfbahnzeit zugeht. Weil die Züge in Fröndenberg den Gegenzug abwarten müssen, erreichen die Züge auf dieser Linie magere 31,6 km/h.

Güterfernverkehr findet im Sauerland heute ausschließlich auf der Ruhr-Sieg-Strecke statt. Die andere große Hauptstrecke durch das obere Ruhrtal wird nur noch durch Nahgüterzüge und Übergaben bedient und hat im Güterverkehr einen beispiellosen Niedergang erlebt. Infolge der Hochrüstung im zweiten Weltkrieg stieg die Obere Ruhrtalbahn während des Zweiten Weltkriegs als Verbindungsstrecke zwischen dem rheinisch-westfälischen und dem sächsischen Industriegebiet und Berlin zu einer der bedeutendsten Güterzugstrecken Deutschlands mit entsprechend umfangreichem Güterfernverkehr auf.

Sichtbares Zeichen für die frühere Bedeutung der Oberen Ruhrtalbahn im Güterverkehr war der Verschiebebahnhof Geisecke bei Schwerte. In der Schlussphase des II. Weltkriegs zerstört, hat man ihn nach dem Krieg nicht wieder aufgebaut. Heute bedeckt ein Wald das ausgedehnte Areal, auf dem sich einst Gleis an Gleis reihte. Die Verlagerung der Verkehrsströme nach der Teilung Deutschlands aus der Ost-West- in die Nord-Süd-Richtung und die automobile Konkurrenz haben den Güterverkehr auf dieser einst bedeutenden Strecke stark rückläufig werden lassen. Von den Zweiglinien werden nur noch Teilstücke der Strecken nach Neuenrade/Hemer und Winterberg, das Streckenstück Brilon Wald – Brilon Stadt und die Röhrtalbahn von Neheim-Hüsten nach Sundern im Güterverkehr befahren. Zwar wird in den Buchfahrplänen des Jahres 1997 noch eine Übergabe Bestwig – Wennemen – Bergerhammer (ehemalige Strecke Wennemen – Wenholthausen – Finnentrop) verzeichnet, nach Auskunft der Deutschen Bahn AG findet aber wegen einer Brückensperrung über die Wenne zur Zeit kein Zugverkehr statt. Ob hier jemals wieder Güterzüge fahren werden, ist wegen der schadhaften Brücke zumindest fraglich, ein Steinbruch als möglicher Kunde ist aber im Gespräch.

Im Gegensatz dazu ist der Güterfernverkehr auf der Ruhr-Sieg-Strecke auch heute noch recht umfangreich. 1998 verkehrten allein im innerdeutschen Fernverkehr Güterzüge zwischen folgenden Bahnhöfen (Die Aufstellung enthält nur Züge, deren Anfangs- oder Endpunkt nicht auf der Ruhr-Sieg-Strecke liegt):

*Hagen Vorhalle – Nürnberg Rbf*
*Hagen Vorhalle – Gießen*
*Hagen Vorhalle – Mannheim Rbf*
*Hagen Vorhalle – Kornwestheim Rbf*
*Hagen Vorhalle – München Nord Rbf*
*Hagen Gbf – Frankfurt Ost Gbf*

*Hagen Gbf – Singen*
*Hagen Gbf – Ingolstadt Nord*
*Hagen Gbf – Bad Fr.Jagstfeld*
*Unna – Mannheim*
*Bremen Rbf – Mannheim Rbf*
*Wuppertal Langerfeld – Landshut Hbf*
*Oberhausen – Nürnberg Rbf*
*Bottrop Süd – Frankfurt Höchst G*
*Mannheim Hgbf – Marl-Sinsen*
*Schelklingen – Wanne Westberg*
*Ingolstadt Nord – Emden VW*
*Anglberg – Ahlen Gbf*
*Wanne-Eickel – Anglberg*
*Bad Fr.Jagstfeld – Emden VW*
*Sulzbach Rosenberg – Moers Gbf*
*Sulzbach Rosenberg – Nordenham*
*Nürnberg Rbf – Wanne-Eickel*
*Großkrotzenburg – Wanne-Eickel*
*Bochum Präsident – Dillenburg*
*Rheinkamp – Aschaffenburg Hfn*
*Ludwigshafen BASF – Barenburg*
*Barenburg – Frankfurt Hoechst*
*Bochum Langendreer – Einsiedlerhof*
*Oberhausen West – München Nord*
*Oberhausen West – Aschaffenburg*
*Oberhausen West – Nürnberg Rbf*

Die Ruhr-Sieg-Strecke spielt aber auch im internationalen Güterverkehr eine nicht ganz unbedeutende Rolle. In Dänemark, den Niederlanden, Österreich, Italien und der Schweiz beginnen oder enden Güterzüge, die auch die Strecke zwischen Hagen und Siegen benutzen. Bekannte Abgangs- oder Zielbahnhöfe sind hier Rotterdam (NL), Padborg (DK), Sopron (H), Kufstein (A), Messendorf (A), Verona (I), Turin (I), Chiasso (CH), Basel (CH), Safenwil (CH) und Landquart (CH). Durchgehende Güterzüge aus Richtung Schwerte werden unter Umgehung des Hagener Bahnhofs über eine Verbindungskurve kurz vor Hagen direkt auf die Ruhr-Sieg-Strecke geleitet.

Auch die Anzahl der Nahgüterzüge und Übergaben ist wesentlich höher als im Ruhrtal. Rund um die Uhr verkehren die mit Diesselloks bespannten Züge auf Teilstücken der Strecke. Mehrmals wöchentlich transportiert die „Dortmunder Eisenbahn GMBH" außerdem Importkohle vom Dortmunder Hafen zum Kraftwerk Elverlingsen zwischen Altena und Werdohl.

Da die Strecke zwischen Plettenberg-Eiringhausen und Plettenberg-Oberstadt der ehemaligen Nebenbahn Eiringhausen – Herscheid „aus technischen Gründen" gesperrt wurde, beschränkt sich heute der Güterverkehr der Zweigbahnen auf das Streckenstück Finnentrop – Attendorn. Im Siegerland wird allerdings noch Güterverkehr von Kreuztal aus in Richtung Erndtebrück durchgeführt.

Im Volmetal verkehren heute noch Güterzüge zwischen Hagen und Scherl (bei Meinerzhagen), bzw. Krummenerl. Auf der in Brügge abzweigenden Nebenbahn nach Lüdenscheid beschränkt sich der Verkehr auf mehrmals wöchentlich stattfindende Übergaben bis zur Anschlussstelle Steinebach, wo eine Chemikalienhandlung bedient wird.

Güterverkehr findet demnach im Sauerland noch auf folgenden Strecken oder Teilen von Strecken statt:

Volmetalbahn und Seitenlinien:
*Hagen – Brügge*
*Brügge – Meinerzhagen – Krummenerl*
*Brügge – Anst.Steinebach (Strecke nach Lüdenscheid)*

Obere Ruhrtalbahn und Seitenlinien
*Hagen – Warburg (nur Nahgüterzüge auf Teilstrecken)*
*Menden – Hemer (ehem.Strecke nach Iserlohn/ zweimal pro Woche zur Kaserne in Hemer)*
*Menden – Neuenrade (bis „Müller Awanst" bei Garbeck)*
*Brilon Wald – Anst. Egger(bei Brilon Stadt)*
*Bestwig – Winterberg (bis „MHI Awanst" bei Bigge)*

Ruhr-Sieg-Strecke und Seitenlinien
*Hagen – Siegen*
*Finnentrop – Attendorn*

Von Warstein aus in Richtung Lippstadt fahren darüber hinaus die Güterzüge der Westfälischen Landeseisenbahn in Richtung Lippstadt, und die „Regionalverkehr Ruhr-Lippe" betreibt Güterverkehr in Arnsberg und auf der Röhrtalbahn Neheim-Hüsten – Sundern.

**Eröffnungs- und Stilllegungsdaten sauerländischer Eisenbahnstrecken (Normalspur)**
(Die Strecken reichen teilweise in die angrenzenden Regionen hinein)

| Strecke | km | Eröffnung | Genehm.f.Bau u.Betrieb an: |
|---|---|---|---|
| Hagen – Kabel – Letmathe | 20,95 | 21.03.1859 | BME |
| Letmathe – Altena | 9,02 | 16.07.1860 | BME |
| Altena – Siegen | 76,05 | 06.08.1861 | BME |
| Letmathe – Iserlohn | 5,5 | 31.03.1864 | BME |
| Schwerte – Arnsberg | 43,2 | 01.06.1870 | BME |
| Hagen – Oberhagen | 4,05 | 16.10.1871 (Güterverkehr) | BME |
| Arnsberg – Meschede | 19,79 | 18.12.1871 | BME |
| Meschede – Bestwig | 8,48 | 01.07.1872 | BME |
| Menden – Fröndenberg | 4,64 | 07.08.1872 | BME |
| Bestwig – Scherfede | 56,38 | 06.01.1873 (Güterverkehr) | BME |
| | | 10.02.1873 (Gesamtverkehr) | BME |
| Oberhagen – Dahl | 7,75 | 15.03.1874 (Güterverkehr) | BME |
| Finnentrop – Attendorn | 8,41 | 01.04.1874 | BME |
| Hagen – Brügge | 26,13 | 06.09.1874 | BME |
| Attendorn – Olpe | 15,13 | 01.11.1875 | BME |
| Brügge – Lüdenscheid | 6,48 | 15.07.1880 | BME |
| Olpe – Rothemühle | 9,42 | 01.12.1880 | BME |
| Hemer – Menden | 6,71 | 01.09.1882 | BME |
| Warstein – Lippstadt | 30,88 | 01.11.1883 | WLE |
| Iserlohn – Hemer | 8,17 | 15.06.1885 | Pr.St. |
| Altenhundem – Saalhausen | 8,43 | 01.11.1886 (Güterverkehr) | Pr.St. |
| Altenhundem – Schmallenberg | 18,31 | 01.05.1887 | Pr.St. |
| Erndtebrück – Birkelbach | 4,5 | 01.10.1889 (Güterverkehr) | Pr.St. |
| Schmallenberg – Fredeburg | 5,5 | 15.11.1889 | Pr.St. |
| Erndtebrück – Berleburg | 15,2 | 15.06.1890 | Pr.St. |
| Hemer – Sundwig | 1,8 | 01.10.1891 (ausschl.Güterv.) | Pr.St. |
| Brügge – Oberbrügge | 2,4 | 15.10.1891 (Güterverkehr) | Pr.St. |
| Brügge – Meinerzhagen | 15,0 | 01.07.1892 | Pr.St. |
| Meinerzhagen – Marienheide | 9,1 | 01.12.1892 | Pr.St. |
| Brilon Stadt – Belecke | 24,4 | 01.12.1898 | WLE |
| Fröndenberg – Unna | 12,5 | 02.01.1899 | Pr.St. |
| Belecke – Soest | 29,78 | 01.12.1899 | WLE |
| Neheim-Hüsten – Sundern | 14,31 | 01.06.1900 | ? |
| Brilon Wald – Brilon Stadt | 7,22 | 01.07.1900 | Pr.St. |
| Brilon Stadt – Büren | 25,8 | 01.04.1901 | Pr.St. |
| Nuttlar – Steinhelle | 7,71 | 01.05.1902 | Pr.St. |
| Olpe – Bergneustadt | 18,76 | 01.09.1903 | Pr.St. |
| Steinhelle – Winterberg | 18,19 | 01.10.1906 | Pr.St. |
| Rothemühle – Freudenberg | 10,62 | 01.11.1907 | Pr.St. |
| Winterberg – Frankenberg | 36,08 | 01.12.1908 | Pr.St. |
| Oberbrügge – Wipperfürth | 19,08 | 01.07.1910 | Pr.St. |
| Anschlag – Radevormwald | 10,40 | 01.07.1910 | Pr.St. |
| Iserlohn – Schwerte | 19,71 | 01.10.1910 | Pr.St. |
| Finnentrop – Wennemen | 35,54 | 16.01.1911 | Pr.St. |
| Fredeburg – Wenholthausen | 17,33 | 01.10.1911 | Pr.St. |
| Menden – Neuenrade | 22,31 | 01.04.1912 | Pr.St. |

| | | | |
|---|---|---|---|
| Altenhundem – Birkelbach | 22,79 | 01.07.1914 | Pr.St. |
| Brilon Wald – Willingen | 7,08 | 31.10.1914 | Pr.St. |
| Herscheid – Plettenberg | 16,22 | 08.07.1915 | Pr.St. |
| Meinerzhagen – Krummenerl | 12,08 | 21.06.1927 | Pr.St. |

Abkürzungen:
BME: Bergisch-Märkische-Eisenbahngesellschaft
WLE: Westfälische Landes-Eisenbahn-Gesellschaft Lippstadt
Pr.St.: Preußische Staatseisenbahnen

**Streckenstilllegungen**

(bei den nur noch im Güterverkehr bedienten Strecken geben die Daten in einigen Fällen nicht den eigentlichen Zeitpunkt der Stilllegung, sondern das Datum der Betriebseinstellung – faktisch aber mit Stilllegung gleichzusetzen – an)

| Strecke | Stilllegung |
|---|---|
| Würdinghausen – Röspe | 1945 |
| Birkelbach – Röspe | 1945 (P) |
| Meinerzhagen – Krummenerl | 02.10.1955 (P) |
| Altenhundem – Würdinghausen | 31.05.1959 (P) |
| Brilon Stadt – Heidberg (Westf.Landeseisenbahn) | 1960 (P) |
| Oberbrügge – Halver (– Radevormwald) | 31.05.1964 (P) |
| Altenhundem – Wenholthausen | 31.05.1964 (P) |
| Herscheid – Eiringhausen | 25.09.1965 (P) |
| Finnentrop – Wennemen | 22.05.1966 (P) |
| Birkelbach – Röspe | 25.09.1966 (Gesamtverkehr) |
| Altenhundem – Schmallenberg | 25.09.1966 (Gesamtverkehr) |
| Serkenrode – Eslohe | 25.09.1966 (Gesamtverkehr) |
| Winterberg – Allendorf | 14.11.1966 (P) |
| Herscheid – Plettenberg-Oberstadt | 01.06.1969 (Gesamtverkehr) |
| Hallenberg – Allendorf | 28.05.1967 (Gesamtverkehr) |
| Brilon Wald – Alme | 29.09.1974 (P) |
| Büren – Alme | 29.09.1974 (Gesamtverkehr) |
| Warstein – Lippstadt (Westf.Landeseisenbahn) | 27.09.1975 (P) |
| Neheim-Hüsten – Sundern | 20.12.1977 (P) |
| Olpe – Dieringhausen | 29.12.1979 (P) |
| Altenhundem – Würdinghausen | 31.12.1981 (Gesamtverkehr) |
| Brilon Stadt – Heidberg (Westf.Landeseisenbahn) | 1981 (Gesamtverkehr) |
| Bad Berleburg – Frankenberg | 31.05.1981 |
| Olpe – Kirchen | 29.05.1983 (P) |
| Finnentrop – Serkenrode | 01.11.1984 (Gesamtverkehr) |
| Olpe – Freudenberg | 01.09.1985 (Gesamtverkehr) |
| Brügge – Meinerzhagen (– Marienheide) | 31.05.1986 |
| Iserlohn – Menden | 28.05.1989 (P) |
| Iserlohn-Ost – Hemer | 28.05.1989 (Gesamtverkehr) |
| Olpe – Drolshagen | 30.09.1994 (Gesamtverkehr) |
| Attendorn – Olpe | 30.09.1994 (G) |
| Hemer – Sundwig | 01.11.1994 (Gesamtverkehr) |
| Anst.Bergerhammer – Schmallenberg | 31.12.1994 (Gesamtverkehr) |
| Wenholthausen – Eslohe | 31.12.1994 (Gesamtverkehr) |
| Oberbrügge – Halver | 28.05.1995 (Gesamtverkehr) |
| Iserlohn – Iserlohn-Ost | 28.05.1995 (Gesamtverkehr) |
| Lüdenscheid – Anst.Steinebach(bei Brügge) | 31.12.1995 (G) |
| Eiringhausen – Plettenberg Oberstadt | 31.12.1996 (vorübergehende[?] technische Stilllegung) |

**Eröffnungs- und Stilllegungsdaten schmalspuriger Eisenbahnen im Sauerland**

| Strecke | Streckenlänge | Eröffnung | Stilllegung |
|---|---|---|---|
| Ruhr-Lippe-Kleinbahn (jetzt Regionalverkehr Ruhr-Lippe GMBH) | | | |
| (1911 auf Normalspur umgespurt/teilweise dreispurig) | | | |
| Hovestadt – Neheim | | 01.05.1898 | |
| Neheim – Arnsberg-Jägerbrücke | | 01.02.1907 | |
| Arnsberg-Jägerbrücke – Arnsberg-Süd(Feldmühle) | | 25.10.1960 | |
| Einstellung des Schienenpersonenverkehrs | | | 1964 |
| | | | |
| Kleinbahn Steinhelle – Medebach | | | |
| Steinhelle – Niedersfeld | 9,8 km | 01.05.1902 | |
| Niedersfeld – Küstelberg | 6,9 km | 15.06.1902 | |
| Küstelberg – Oberschledorn | 12,8 km | 21.12.1902 | |
| Oberschledorn – Medebach | 6,9 km | 01.03.1903 | |
| | | | 23.06.1953 |
| | | | |
| Westfäl.Kleinbahnen AG; ab 1942 Iserlohner Kreisbahn | | | |
| Hohenlimburg – Hagen | 6,07 km | 05.08.1900 | |
| Letmathe – Iserlohn-Ostbahnhof | 7,4 km | 03.03.1901 | |
| Grüne/Ellebrecht – Nachrodt | 3,2 km | 10.03.1901 | |
| Iserlohn-Unnaer Straße – Iserlohn – Hagener Straße | | 24.12.1902 | |
| Letmathe – Hohenlimburg-Lennebrücke | 4,35 km | 17.12.1905 | |
| Iserlohn-Ostbahnhof – Hemer Amtshaus | 4,58 km | 26.03.1908 | |
| Hemer Amtshaus – Niederhemer | 1,83 km | 03.08.1911 | |
| Niederhemer – Höcklingsen | 0,95 km | 18.05.1912 | |
| Hemer Amtshaus – Sundwiger Post | 1,04 km | 31.07.1912 | |
| Nachrodt – Einsal | 3,02 km | 10.11.1912 | |
| Einsal – Helbecke | 0,66 km | 10.11.1912 (?) | |
| Westig – Ihmert | 6,71 km | 18.07.1913 (G) | |
| | | Nov.1913 (P) | |
| Sundwiger Post – Deilinghofen | 2,05 km | 11.11.1913 | |
| Iserlohn – Iserlohnerheide | 4,196 km | 1916 | |
| Ihmert – Evingsen | * | 30.06.1917 | |
| Evingsen – Pleuger | * | 05.11.1918 | |
| Pleuger – Altena Netter Schule | * | 04.12.1919 (G) | |
| | | 10.12.1919 (P) | |
| Pleuger – Fuleck | 1,25 km | 27.06.1920 | |
| Fuleck – Dahle | 1,42 km | 06.12.1921 | |
| Netter Schule – Markaner – Märkischer Hof | * | 15.12.1926 | |
| Markaner – Güterbahnhof Altena | 0,68 km | 04.03.1927 | |
| Evingsen-Springerweg – Ortsmitte | 0,55 km | 13.07.1927 | |
| | *: Streckenlänge Ihmert – Markaner: 9,72 km | | |
| Iserlohn-Unnaer Straße – Iserlohn-Hagener Straße | | | 20.10.1915 |
| Einsal – Helbecke | | | 1921 |
| Nachrodt – Einsal | | | 1930 |
| Evingsen-Springerweg – Ortsmitte | | | wahrscheinlich 1933 |
| Evingsen – Ihmert(Tütebelle) | | | wahrscheinlich 1933 |
| Hemer Amt – Niederhemer | | | 14.12.1954 |
| Hemer Amtshaus – Deilinghofen | | | 15.05.1955 |

| Strecke | Streckenlänge | Eröffnung | Stilllegung |
|---|---|---|---|
| Westig – Ihmert(Tütebelle) | | | 01.11.1955 (P) |
| Altena – Evingsen | | | 01.07.1956 (P) |
| Pleuger – Evingsen | | | 01.07.1956 |
| Grüne/Ellebrecht – Nachrodt | | | 31.07.1958 |
| | | | (Quelle: Dr.Löttgers) |
| | | | 22.02.1954 |
| | | | (Quelle: Müller/Stalp) |
| Iserlohn – Iserlohnerheide | | | 30.04.1959(G) |
| Hemer Amtshaus – Westig | | | 10.05.1959 |
| Hohenlimburg – Letmathe Krankenhaus | | | 13.05.1959 |
| Letmathe Krankenhaus – Letmathe Ellebrecht | | | 10.06.1959 |
| Letmathe Ellebrecht – Westig | | | 31.12.1959 |
| Westig – Ihmert | | | 26.01.1964 |
| Altena – Steinwinkel (– Pleuger -Dahle) | | | |
| | | | |
| Kreis Altenaer Schmalspurbahn(Später: Kreis Altenaer Eisenbahn) | | | |
| Lüdenscheid – Altena | 14,55 km | 01.10.1887 | |
| Werdohl – Augsutenthal | 10,59 km | 15.12.1887 | |
| Schalksmühle – Halver | 9,45 km | 05.03.1888 | |
| Schafsbrücke – Wehberg | 1,20 km | 11.04.1904 | |
| Halver – Schalksmühle | | | 21.08.1952 |
| Augustenthal – Werdohl | | | 22.05.1955 |
| (Lüdenscheid – Augustenthal-Plate wurde weiterhin im Güterverkehr betrieben) | | | |
| Lüdenscheid–Altena | | | 28.05.1961 |
| Lüdenscheid – Brüninghausen (Plate) | | | 22.05.1967 |
| | | | |
| Plettenberger Kleinbahn | | | |
| Plettenberg Stadt – Güterbahnhof Eiringhausen | | 20.04.1896 | |
| Plettenberg – Holthausen | | 11.07.1902 | |
| Plettenberg – Oesterau | | 14.12.1903 | |
| Oesterau – Wiesental | | 14.12.1903 | |
| alle Strecken | | | 31.12.1958 (P) |
| Plettenberg – Holthausen | | | 01.03.1961 |
| Plettenberg – Wiesental | | | 23.05.1961 |
| Plettenberg – Eiringhausen | | | 26.04.1962 |
| | | | |
| Hohenlimburger Kleinbahn | | | |
| Hohenlimburg – Nahmertal | 28.05.1900 | | |
| | | | 23.12.1983 |
| | | | |
| Kleinbahn Haspe – Voerde – Breckerfeld | | | |
| Haspe – Voerde | 01.05.1901 | | |
| Haspe – Güterbahnhof Haspe | 24.11.1904 | | |
| Voerde – Oberbauer | 20.04.1907 | | |
| Oberbauer – Delle | 22.05.1907 | | |
| Delle – Breckerfeld | 01.10.1907 | | |
| | | | 01.07.1954 (G) |
| | | | 03.11.1963 (P) |

# Triebfahrzeuge

Wenn man vom siebenjährigen Einsatz der Baureihe 96° (bayr. Gt 2x4/4) zwischen 1929 und 1936 auf der Steilrampe von Brügge nach Lüdenscheid und dem kurzen Gastspiel der V 65 auf der Strecke Bestwig – Winterberg (– Frankenberg) einmal absieht, entsprachen die im Sauerland eingesetzten Triebfahrzeuge zumindest nach Ausmusterung der ehemaligen BME-Lokomotiven denen in den übrigen ehemals preußischen Teilen Deutschlands. Zunächst aber dominierten auf den von der Bergisch-Märkischen-Eisenbahngesellschaft bis 1882 eröffneten Strecken deren Maschinen. Es handelte sich in der Anfangszeit um zweifach gekuppelte Lokomotiven, später gesellten sich auch C-Kuppler hinzu, jedoch ausschließlich für den Güterverkehr. Speziell für die kurvenreiche Ruhr-Sieg-Strecke wurden wegen ihres geringen Bogenwiderstandes 1'B-Maschinen mit überhängendem Stehkessel gekauft, die wegen des kurzen Radstandes aber sehr unruhig liefen. Bekannte Einsätze von BME-Lokomotiven sind die der B 1 t Nummer 103 bis 105 mit den Namen „Schwerte", „Hohensyburg" und „Langendreer" (Borsig, 1863) auf der Strecke zwischen Letmathe und Iserlohn. Eine dieser Loks wurde später auch auf der Strecke Olpe – Rothemühle eingesetzt. Ebenfalls von Letmathe aus verkehrten die 1'B-Loks mit den Nummern 542, 543 und 713 aus den Jahren 1873 und 1875. Die beiden zuerst genannten Maschinen tauchen aber auch in der Statistik des Bw Brügge auf. Von den 1 B-Schlepptenderloks der Nummern 75 bis 84 (Borsig-Serie „Creuzthal" von 1861) ist bekannt, dass eine in Olpe stationiert war und zwischen Olpe und Finnentrop verkehrte. Nach Verstaatlichung der Bergisch-Märkischen-Eisenbahngesellschaft im Jahre 1882 wurden viele Lokomotiven übernommen und in das Nummernschema der Preußischen Staatseisenbahnen eingereiht. So fasste man alle neueren C-Kuppler in der Gattung G 3 zusammen.

**Die 55 209 des Bw Letmathe im Jahre 1925**

In den ersten Jahrzehnten der sauerländischen Eisenbahngeschichte waren auf den bis dahin eröffneten Bahnstrecken preußische Lokomotiven folgender Reihen eingesetzt (In Klammern: Stationierungsbeispiele Sauerländer oder benachbarter Betriebswerke): G 3 (Brügge, Bestwig, Altenhundem, Finnentrop), G 4 (Finnentrop, Bestwig, Altenhundem), T 3 (Dieringhausen, Fröndenberg, Olpe, Betzdorf), T 5, T 6 (Brügge) T 7 (Dieringhausen, Fröndenberg, Brügge), T 8 (Dieringhausen), T 9 (Finnentrop, Dieringhausen, Olpe, Fröndenberg, Brügge), T 9.1 (Brügge), T 9.3 (Olpe, Dieringhausen, Frankenberg, Betzdorf), T 11 (Olpe, Finnentrop), T 12 (Olpe, Finnentrop, Betzdorf) P 2 (Brügge), P 3 (Bestwig, Brügge, Altenhundem), P 4 (Bestwig, Altenhundem, Siegen, Finnentrop), P 6 (Altenhundem, Siegen), P 7 (Siegen). Daneben war mit der T 9 (Bauart Elberfeld) eine in Bayern bei Krauss konstruierte C 1'-Tendermaschine im Sauerland im Einsatz. Diese auch von der bayrischen Staatsbahn beschaffte und dort als D VIIIc eingereihte Type sollte im letzten Jahrzehnt des vorigen Jahrhunderts auf den Bergstrecken des Direktionsbezirks Elberfeld die zu schwachen T3, G3 (Normalbauart) und T 7 (Ruhr-Typ) ablösen. Nachdem ab 1891 zwei Probeloks auf der Strecke Elberfeld – Cronenberg im Bergischen Land erfolgreich getestet worden waren, kamen weitere Lokomotiven dieser Baureihe ab 1892 in mehrere Sauerländer Betriebswerkstätten:

*Brügge:* *Elberfeld 2004,2005*
*Olpe:* *Elberfeld 2008-2011*
*Altenhundem:* *Elberfeld 2020, 2023, 2025*

Außerdem waren die Maschinen am Rande des Sauerlandes in Dieringhausen (Elberfeld 2006, 2007, 2012, 2013), Erndtebrück (Elberfeld 2016–2019) und Siegen (Elberfeld 2021, 2022, 2024, 2026) stationiert.

Die oben genannten älteren Lokomotivtypen hielten sich zum Teil noch lange in den sauerländischen Betriebswerken. Loks der Reihe T 3 waren noch in den dreißiger Jahren im Bw Olpe beheimatet und auch das Bw Finnentrop beschäftigte in den zwanziger Jahren Güterzugloks der Reihen G 3 und G 4. Diese zunehmend im Dienst vor schwerer werdenden Zügen überforderten Loktypen machten jedoch im Laufe der Zeit neueren Konstruktionen Platz. Auch in der Zeit zwischen den Weltkriegen gab es aber im Sauerland praktisch nur preußische Lokomotiven. Schon während des Ersten Weltkriegs erhielten die Bw Bestwig und Siegen Loks der späteren Reihe $38^{10}$ (P 8), die auch von Hagen-Eckesey, Dieringhausen und Bestwig aus eingesetzt wurden. Die Personenzuglokomotiven fuhren noch bis Mitte der sechziger Jahre im Sauerland. Im Frühjahr 1922 erhielt das Betriebswerk Hagen-Eckesey fünf von den ersten zehn ausgelieferten Lokomotiven der preußischen Reihe P 10 (spätere Baureihe 39°). Diese Loktype kam später auch von Siegen, Bestwig und Kassel-Bahndreieck aus zum Einsatz. Die Maschinen für den Einsatz in Mittelgebirgen besonders geeigneten Maschinen mit der Achsfolge 1'D 1' befuhren im höherwertigen Reisezugverkehr die beiden großen Hauptstrecken von Hagen nach Siegen bzw.Warburg. Der übrige Personenverkehr zwischen den beiden Weltkriegen und darüber hinaus wurde ansonsten häufig mit Tenderlokomotiven abgewickelt. So waren für fast den gesamten Verkehr auf der Strecke (Unna –) Fröndenberg – Neuenrade für lange Zeit die Fröndenberger Loks der Reihe $93^{5}$ zuständig. Diese beliebten Maschinen fanden sich daneben auch in den Bahnbetriebswerken von Olpe, Bestwig, Letmathe, Brügge, Siegen und Finnentrop. Eine ebenfalls im Sauerland weit verbreitete Loktype, die Baureihe $74^{4}$, wurde u.a. von Olpe, Fröndenberg, Altenhundem und Dieringhausen aus eingesetzt. Auch vor den Güterzügen dieser Zeit liefen Maschinen preußischen Ursprungs. In allen Dienststellen des Sauerlandes irgendwann beheimatet waren die Fünfkuppler der Reihe $57^{10}$ (preuß. G 10), aber auch die Reihe $55^{25}$ (preuß. G 8.1) war bis nach dem zweiten Weltkrieg häufig im Sauerland eingesetzt, zum Beispiel vom Bw Bestwig aus auf der Oberen Ruhrtalbahn und den Nebenstrecken nach Winterberg und Brilon. Diese Type kam auch als Baureihe $56^{2}$ mit

**Die ehemalige preuß. G 10 war im Sauerland vielerorts anzutreffen. Am 26. Januar 1969 war die beim Bw Hagen Gbf beheimatete 57 1387 in Letmathe zu Gast**

Laufachse von den Bw Dieringhausen, Bestwig, und Hagen-Eckesey aus zum Einsatz. Seltener fanden sich Tenderloks der Baureihe $94^5$, die beispielsweise auf dem Ablaufberg im Bahnhof Olpe und vom Bw Brügge aus eingesetzt wurden. Die großen Schlepptenderloks der Reihe $58^{10}$ (G12) dagegen waren auf der Ruhr-Sieg-Strecke und der oberen Ruhrtalbahn häufiger anzutreffen. Kasseler Maschinen wendeten in Bestwig, wo aus diesem Grund die Drehscheibe vergrößert werden musste. Aber auch das Bw Bestwig selbst hatte für einige Zeit 58er im Bestand ebenso wie die Bahnbetriebswerke Siegen und Altenhundem. Die Lokomotiven dieser Baureihe wurden später abgelöst durch die Einheitsbaureihe 44; auf der oberen Ruhrtalbahn geschah dies Anfang der fünfziger Jahre. Exot unter den ansonsten preußischen Dampfloks war zweifellos die achtachsige Malletlok der Reihe $96^0$ (bay.Gt 4x4), die 1929 zum Bw Brügge kam und auf der Steilstrecke nach Lüdenscheid als Schublok für einen zügigeren Personenverkehr sorgen sollte. Der Einsatz der auch auf dem Hagener Güterbahnhof eingesetzten Giganten endete aber bereits sieben Jahre später wieder.

In den dreißiger Jahren begann auch im Sauerland der Einsatz der ersten Einheitslokomotiven. Zunächst erschienen auf den beiden großen Hauptstrecken Schnellzugloks der Reihe 03, die ab 1935 von Hagen und Gießen aus eingesetzt wurden. Von 1940 an waren dann im Hagener Betriebswerk zunächst nur für einige Jahre auch die neuen Loks der Reihe $03^{10}$ beheimatet. Die ersten 01er erhielt das Bw Eckesey allerdings erst gegen Ende des Krieges. Ab 1937 übernahmen auch Dreizylinderloks der Reihe 44 von Dillenburg aus Einsätze auf der Ruhr-Sieg-Strecke, zwei Jahre später wies die Bestandsliste des Bw Altenhundem ebenfalls diese Loktype auf, die später auch vom Hagener Bw Vorhalle aus im Sauerland zum Einsatz kam. Im Bw Bestwig wurde die schwere Güterzuglok dagegen erst 1942 heimisch. Wie schon oben erwähnt, entwickelte sich die Obere Ruhrtalbahn im Zweiten Weltkrieg zu einer der bedeutendsten Güterzugstrecken Deutschlands. Die damit verbundenen hohen Zuglasten erforderten eine stärkere Loktype als die bisher verwendeten Loks der Reihe $58^{10}$. Ebenfalls noch während des zweiten Weltkriegs wurde die Baureihe 41 in Siegen stationiert, ab Anfang der fünfziger Jahre dann auch in Hagen-Eckesey.

Schon Mitte der dreißiger Jahre befuhren auch die ersten Einheitsloks die Sauerländer Nebenbahnen. Zwar wurde erst 1938 (andere Quelle: Sommer 1939) die erste Lok der Reihe 86 in Olpe stationiert, wo sie auf Dauer die Baureihe $74^4$ ersetzen sollte, von Wuppertal-Steinbeck aus kam die Loktype aber bereits ab Dezember 1934 über Radevormwald ins sauerländische Brügge. Daneben wurde die Nebenbahnlokomotive im Krieg und danach in den Bahnbetriebswerken Dieringhausen, Siegen, Letmathe, Schwerte und schließlich 1960, in der Endphase des Dampflokbetriebs, auch für kurze Zeit in Bestwig beheimatet.

In den fünfziger Jahren verringerten sich die Einsätze mit Güterzugloks der Reihe 44, die von Hagen-Vorhalle und Kassel aus die obere Ruhrtalbahn befuhren. Zwar waren 1951 noch fast alle durchgehenden Güterzüge mit diesen Maschinen bespannt, wegen der Verlagerung der Verkehrsströme nach der deutschen Teilung war der Güterverkehr auf der Strecke aber stark zurückgegangen, so dass für den verbliebenen Güterverkehr die erstmals gegen Ende des Krieges in Bestwig auftauchende Reihe 50 vollkommen ausreichte; daneben fuhren auch Tenderloks der Reihe 86. Auf der Ruhr-Sieg-Strecke allerdings wickelte man den Verkehr

**Personenzug von Brügge nach Wuppertal zwischen Oberbrügge und Halver. Es führt eine Steinbecker 86**

weiterhin mit den schweren Güterzugmaschinen ab: Das Bahnbetriebswerk Altenhundem wurde eine bedeutende Einsatzstelle für 44er.
Im hochwertigen Reisezugverkehr liefen nach dem Krieg auf der oberen Ruhrtalbahn erstmals Maschinen der Reihe $01^{10}$ der Betriebswerke Hagen-Eckesey und Kassel, kurzfristig auch des Bw Paderborn. Ebenfalls durch das Bw Eckesey gestellt wurden Loks der Reihe 01. Diese Loktype fuhr 1961 vor einem Militärschnellzugpaar Aachen – Kassel sogar von Köln Bbf aus auf der Ruhrtalbahn. Der Traktionswechsel deutete sich aber schon in diesem Jahr an, als das Bw Hamm mit der V 200 den Eilzug Arnheim – Bad Wildungen bespannte.
41er aus Hagen und neu angelieferte Loks der Reihe 23 übernahmen in den fünfziger Jahren einen großen Teil der Personenzugleistungen auf der Ruhr-Sieg-Strecke. Die kleinrädrigen Lokomotiven waren für die kurveneiche Strecke besser geeignet als die typischen Schnellzugloks.
1958 erhielt das Bw Hagen-Eckesey aus Paderborn, Ludwigshafen und Altona alle 26 Loks der Reihe $03^{10}$, im Gegenzug musste die Reihe $01^{10}$ abgegeben werden. Die inzwischen mit neuen Kesseln ausgerüsteten ehemaligen Stromlinienloks befuhren neben der Oberen Ruhrtalbahn auch die Ruhr-Sieg-Strecke bis zur Elektrifizierung im Jahre 1965. Auf der Strecke Hagen – Warburg – Kassel waren sie noch bis zur Ausmusterung im September 1966 im Einsatz. Danach wurden die höherwertigen Zugleistungen von Dieselloks vor allem der Bw Hagen Eckesey (216, 217, 218) und Bw Kassel (216) übernommen.
Hagener 218 lösten dann Anfang der siebziger Jahre auch die nach der Elektrifizierung der Ruhr-Sieg-Strecke von Siegen nach Bestwig umbeheimateten 23er im Personenzugdienst ab.
Auf der Lennetalbahn war der Dampfbetrieb schon 1965 beendet. Hier fuhren in der Folgezeit hauptsächlich Loks der Reihen E 10 (110), E 40 (140), E 41 (141) und E 50 (150); in den siebziger Jahren folgten die stärkeren Güterzugmaschinen der Reihe 151. Von 1968 bis 1970 setzte das Bw Hagen-Eckesey auch die Altbaulok der Reihe 119 u.a. auf der Ruhr-Sieg-Strecke ein. Eine weitere Altbauloktype gelangte mit der E 94 (194) bis Anfang der siebziger Jahre von Aschaffenburg aus auf diese Strecke. Nur kurze Zeit verkehrte ab 1969 der Elektrotriebwagen 430 von Bielefeld über Hagen nach Frankfurt.
Solch außergewöhnliche Triebfahrzeugeinsätze sucht man 1998 auf den beiden Hauptstrecken vergeblich. Der gesamte Personenverkehr auf der Oberen Ruhrtalbahn wird zur Zeit noch mit Hagener Loks der Reihe 218 abgewickelt; vor Nahgüterzügen werden neben der 218 auch die Reihen 290 und 360 eingesetzt. Lediglich morgens und abends erfolgt mit einem Triebwagen der Reihe 628.4 eine Triebwagenleistung, um einen Fahrzeugtausch auf der Strecke Bestwig – Winterberg zu ermöglichen. Gelegentlich gelangen auch Oberhausener Loks der Reihen 232 und 216 vor Kohlezügen bis nach Arnsberg. Diese Züge werden gelegentlich auch von Loks der Reihe 215 in Doppeltraktion gezogen. Etwa ab 1999 will die Deutsche Bahn im Zusammenhang mit der Einführung des Integralen Taktfahrplans zwischen Hagen und Warburg/Kassel (Linie RE 17) Neigetechnik-Triebzüge der Reihe 612 einsetzen.
Auf der Ruhr-Sieg-Strecke werden natürlich vorwiegend elektrische Lokomotiven eingesetzt, wobei vor den Regionalbahnzügen Hagen – Siegen – Au/Sieg in der Regel Dortmunder 110 zu sehen sind. Weil die Interregios der Ruhr-Sieg-Strecke in Hagen und Gießen „kopfmachen“ müssen, werden sie von je zwei Lokomotiven der Reihe 112 des Bw Berlin Hbf geführt, um das zeitraubende Umsetzen der Lok in Hagen und Gießen zu vermeiden. Von 1996 an kamen dann Steuerwagen vor den Zügen zum Einsatz, die 1997 für kurze Zeit wieder abgegeben werden mussten, weil auf der IR-Linie Hamburg – Frankfurt – Offenburg – Konstanz seit dem 28. 9. 1997 mit Wendezügen gefahren wird und dadurch nicht mehr genügend Fahrzeuge dieser Art zur Verfügung standen. Zur Zeit (1998) verkehren

**Der abendliche Güterzug von Brügge nach Hagen besteht am 2. Mai 1995 ausschließlich aus Schotterwagen, die Schotter von den Krummenerler Steinbrüchen abtransportieren**

**Zwei Stunden musste der Fotograf im knietiefen Schnee ausharren, bevor der wieder einmal nicht planmäßig verkehrende Schotterzug von Krummenerl bei Meinerzhagen im allerletzten „Büchsenlicht" aufgenommen werden konnte (Aufnahme vom 3. Januar 1985)**

**Am 4. Februar 1989 wartet der Wendezug im Kopfbahnhof Neuenrade der Hönnetalbahn auf seine Ausfahrt in Richtung Menden/Fröndenberg**

**Personenzugverkehr gibt es im oberen Volmetal seit 1986 nur noch bei Sonderfahrten. Die 52 6106 passiert am 31. Mai 1998 Haus Rhade zwischen Oberbrügge und Kierspe**

**Die 78 367 vom Bw Hagen-Eckesey hat einen Zug von Lüdenscheid gebracht und nimmt Wasser am Bahnsteig in Brügge. Danach muss sie wenden, um den Zug weiter nach Hagen zu befördern (Frühjahr 1962)**

**Die Einfahrsignale des Bahnhofs Schalksmühle zeigen dauernd Hp1, denn das Fahrdienstleiterstellwerk ist schon lange nicht mehr besetzt (10. Oktober 1995)**

sowohl Züge mit Steuerwagen als auch solche mit zwei Lokomotiven. Auch hier wird sich in Zukunft einiges ändern. Die lokbespannten Züge des regionalen Verkehrs (RB 91: Hagen – Siegen – Au/Sieg) werden 1999 durch elektrische Triebwagen der neuen Reihe 425/426 ersetzt.

Im Güterfernverkehr laufen insbesondere Hagener Loks der Reihen 140, 150 und 151; die beiden letzten Baureihen kommen allerdings auch von Nürnberg aus zum Einsatz. Daneben ist noch die ehemalige Reichsbahnlokomotive der Baureihe 143 zu erwähnen, die u.a. vor Zügen von bis zu 1800 t in den Relationen Schwerte – Plettenberg und Schwerte – Letmathe zum Einsatz kommt. Sind die Züge schwerer, werden sie mit der 140 bespannt. Der übrige Güternahverkehr auf der Strecke Hagen – Siegen wird hauptsächlich mit Dieselloks der Reihen 290, 294, 360, 361 und 364 abgewickelt.

Auf den Nebenstrecken des Sauerlandes erfolgte der Strukturwandel noch schneller als auf den Hauptstrecken. Zwar gab es auch in den fünfziger Jahren noch Bahnbetriebswerke mit preußischen Lokomotiven – Olpe, Arnsberg und Letmathe beispielsweise bekamen noch 1952 Loks der Reihe $74^4$ vom Bw Siegen überstellt –, die $93^5$ hielt sich sogar bis 1960 in Bestwig und mit der Beheimatung von Loks der Neubaureihen 65 in Fröndenberg und 82 in Letmathe schien die Dampftraktion für kurze Zeit eine Zukunft zu haben, schon bald aber kamen die ersten Schienenbusse ins Sauerland und übernahmen in kurzer Zeit wesentliche Aufgaben im Personenverkehr der Nebenstrecken. Der VT 95 wurde bereits 1953 in Finnentrop stationiert, 1955 kam die stärkere Version als VT 98 zum Bw Bestwig. Auch das Bw Letmathe setzte beide Versionen des Uerdinger Schienenbusses ein, ebenso wie das Bw Dieringhausen, das bereits seit 1956 zweimotorige VT 98 besaß. Typische „Schienenbusstrecken" waren Finnentrop – Olpe – Kirchen, Finnentrop – Wennemen und Fröndenberg – Neuenrade. Auf der zuletzt genannten Strecke endete der Dampfbetrieb im Personenverkehr bereits im Jahre 1956, Dampfloks fuhren danach nur noch vor Güterzügen. Bis ins Jahr 1984 wurden die Schienenbusse noch vom Bw Bestwig aus (damals schon Außenstelle des Bw Hagen 1/vormals Eckesey) auf den Strecken Olpe – Finnentrop, Fröndenberg – Neuenrade und Letmathe – Menden eingesetzt, dann folgten Hagener 212 mit Wendezügen, die schon seit längerer Zeit auch auf den übrigen Nebenstrecken des Sauerlandes verkehrten.

Die letzten Dampflokbaureihen auf Sauerländer Nebenstrecken waren Loks der Reihen 78°, die bis 1965 auf der Volmetalbahn fuhren, 23 (Strecke Bestwig – Winterberg), 50 und 86. Letzte Dampflokeinsätze erfolgten bis 1969 von Dieringhausen und bis 1972 von Bestwig aus mit der Baureihe 50. Hauptgrund war – wie überall in Deutschland – das Vordringen der Dieselloktype 211/212, die schon bald mit den Schienenbussen zusammen den gesamten Nebenbahnverkehr übernahm.

Neben diesen Einsätzen der Universalmaschine 211/212 wurden schon zur Dampflokzeit Dieselloks der Reihe V 36 in Finnentrop und Bestwig eingesetzt. Vom Bw Wuppertal-Steinbeck stammende V 36 fuhren in der zweiten Hälfte der fünfziger Jahre sogar im Wendezugverkehr auf der Steilstrecke Lüdenscheid – Brügge. Bemerkenswert ist auch der Einsatz Marburger V 65 ab 1956 auf der Strecke von Frankenberg über Winterberg nach Bestwig.

Der aktuelle Nebenbahnverkehr wird seit Mitte der neunziger Jahre durch Essener Triebwagen der Reihe 628.4 geprägt, die auf fast allen verbliebenen Strecken zum Einsatz kommen. Lediglich zwischen Iserlohn und Dortmund sieht man Osnabrücker 624/634, die ganz selten auch einmal auf der Volmetalbahn erscheinen, im Schülerverkehr aber auch im Hönnetal verkehren. Den spärlichen Güterverkehr wickeln vor allem Lokomotiven der Reihen 290/294 und 360/361/364/365 ab.

Auch auf den Sauerländer Nebenbahnen bricht aber 1999 eine neue Ära an, wenn auf den Strecken Lüdenscheid – Hagen – Dortmund, Olpe – Finnentrop und Siegen – Bad Berleburg Neubautriebwagen der Reihe 643 die bisher eingesetzten 628.4 ablösen.

**Am 30. Januar 1987 war das Lüdenscheider Stellwerk nur noch morgens und abends besetzt. Tagsüber zeigte deshalb das Einfahrsignal auch bei ausfahrenden Zügen Hp 2. Inzwischen sind alle Signale und Weichen beseitigt; der einstige Bahnhof Lüdenscheid ist nur noch ein Haltepunkt**

**Die Übergabe von Drolshagen nach Olpe befährt die Steinbogenbrücke in Wenkhausen (11. Oktober 1985)**

# 2. Die Eisenbahn erobert das Bergland – Entstehung der Ruhr-Sieg-Strecke Hagen – Siegen

Im Mittelpunkt dieses Buches steht die Eisenbahn im Sauerland, gleichwohl muss die Betrachtung sich zunächst einer Nachbarregion zuwenden, denn die wirtschaftlichen Verhältnisse im Raum Siegen in der ersten Hälfte des vorigen Jahrhunderts beeinflussten wesentlich den Bau der Hauptstrecke zwischen Hagen und Siegen.

Die Siegerländer Wirtschaft war zu Beginn des Eisenbahnzeitalters weitgehend von der Eisenindustrie bestimmt. Deren Standortbedingungen hatten sich trotz guter Qualität des Siegerländers Eisens in besorgniserregendem Maße verschlechtert. Dafür gab es verschiedene Ursachen, die allerdings zum Teil von den Siegerländern selbst zu verantworten waren, hielten die Unternehmer doch zu lange an veralteten Produktionsmethoden fest. Hierzu gehörte die Aufsplitterung in wenig kapitalkräftige Klein- und Kleinstbetriebe. Zudem wirkte sich die verkehrsfeindliche Binnenlage des Siegerländer Reviers, dessen Absatzmarkt hauptsächlich im Bergisch-Märkischen Raum lag, negativ auf die Wettbewerbsfähigkeit der Unternehmen aus. Dieses Gebiet war nur auf den damals schlechten Straßen zu erreichen, der kostengünstigere und einfachere Transport auf Wasserwegen war nicht möglich. Eine mit großem finanziellen Aufwand denkbare Kanalisierung der Sieg hätte nur einen indirekten Weg zur Ruhr und damit auch in das Absatzgebiet in der ehemaligen Grafschaft Mark geschaffen. Die Sieg mündet bei Siegburg in den Rhein, so dass mögliche Eisentransporte zunächst zum Rhein, dann rheinabwärts bis Ruhrort und von dort ruhraufwärts hätten führen müssen. Ein weiterer Standortnachteil ergab sich durch die wachsende Abhängigkeit des Erzes von Kohlelagerstätten. Einerseits verdrängte Steinkohle die im waldreichen Siegerland bisher zur Verhüttung verwendte, angesichts des gestiegenen Bedarfs aber knapp und teuer gewordene Holzkohle, andererseits war die für den Schmelzprozess benötigte Menge Koks im Verhältnis zum Erz höher, so dass sich die Eisenindustrie zunehmend in der Nähe der Kohlenreviere an der Ruhr, an der Saar und in Oberschlesien ansiedelte. Außerdem benötigten die Betriebe im Siegerland die Steinkohle zum Betrieb von dampfgetriebenen Pumpmaschinen, denn die Erzförderung war inzwischen in Tiefen vorgedrungen, die eine maschinelle Entwässerung erforderten. Ab 1840 verschärfte sich die Situation. Billiges Roheisen aus England und Belgien drängte auf den Markt, so dass schließlich sogar 10 % der Roheisenproduktion im bis dahin exportorientierten Siegerland Importeisen war. Die importierenden Länder wiesen gegenüber dem Siegerland wesentlich günstigere Standortbedingungen auf. Entweder lagen Kohle und Erz nah beieinander oder konnten zumindest auf gut ausgebauten Schienen- und Wasserwegen schnell und kostengünstig zusamengeführt werden. Die Siegerländer waren demgegenüber beim Rohstoffaustausch mit dem Gebiet an der Ruhr auf einen Transport über eine Entfernung von mehr als 100 Kilometer angewiesen, der über hohe Gebirgszüge führte und auf Transportwegen durchgeführt wurde, die den Anforderungen der Zeit nicht mehr genügten. Insbesondere im Winter kam der Massentransport durch Schneeeinbrüche häufig zum Erliegen. Auch niedrigere Arbeitslöhne konnten den Wettbewerbsnachteil, der sich aus der Binnenlage und den schlechten Vekehrswegen ergab, auf Dauer nicht ausgleichen. Konkurrenzfähigkeit konnte deshalb dauerhaft nur durch eine bessere Verkehrsanbindung des Siegerlandes an das aufstrebende Ruhrrevier und das Absatzgebiet in der ehemaligen Grafschaft Mark wieder erlangt werden.

Die ersten Planungen einer solchen Verkehrsverbindung sahen noch den Bau einer Pferdeeisenbahn von der Sieg nach der Ruhr vor. Schnell wurde aber deutlich, dass nur eine dampfbetriebene Eisenbahn die gewünschten Transportmengen würde bewältigen können. Zunächst bestand keine Einigkeit über die Linienführung der neuen Bahnstrecke. Neben der letztlich gebauten Strecke durch die Täler von Lenne und Hundem waren zwei Alternativen im Gespräch, so dass drei mögliche Streckenverläufe zur Diskussion standen:

1. *Lenne – Hundem-Strecke:*
   *14 (preuß.) Meilen*
   *8 Millionen Taler Baukosten*
2. *Lenne – Bigge-Strecke:*
   *15 2/5 (preuß.)Meilen*
   *9 Millionen Taler Baukosten*
3. *Volme – Bigge-Strecke:*
   *14 5/6 (preuß.)Meilen*
   *5 Millionen Taler Baukosten*

Aus verschiedenen Gründen schieden später Variante 2 und 3 aus, obwohl auch diese Strecken (Finnentrop – Olpe Kirchen/ Hagen – Brügge – Meinerzhagen) letzlich – im Fall der Volmetalbahn allerdings nur zum Teil – gebaut wurden. Für die Lennestrecke sprach aus Sicht der Befürworter vor allem die ihrer Ansicht nach stärkere Nachfrage nach Güterverkehrsleistungen in diesem industriereichen Tal. Obwohl die Baukosten der Volmetalbahn weit unter denen der Strecke durch die Täler von Lenne und Hundem lagen, entschied man sich gegen die billigere Lösung, weil die Strecke im Volmetal wesentlich ungünstigere Steigungs- und Krümmungsverhältnisse aufwies. Außerdem hätte diese Linie durch erheblich dünner besiedeltes Gebiet geführt. Die Überlegung, dass bestehende Eisenbahnstrecken auch zur Erschließung weniger entwickelter Gebiete führen können, spielte letztlich keine Rolle.

Die Realisierung des Projektes schien näherzurücken, als 1846 auf der Generalversammlung der Aktionäre der Bergisch-Märkischen-Eisenbahngesellschaft der Antrag gestellt wurde, die Strecke in Richtung Siegen zu

**Die 39 232 vor dem Eilzug 382 im Bahnhof Siegen**

**Eine der Hauptaufgaben der Ruhr-Sieg-Strecke war der Kohle- und Erztransport. Hier begegnet uns die 44 849 im April 1964 zwischen Lenhausen und Finnentrop**

bauen. Da inzwischen jedoch entgegen früheren Auffassungen in der Folgezeit Zweifel an der Rentabiltät der mit privatem Kapital zu bauenden Bahn, die neben der Amortisation der Baukosten natürlich auch noch Gewinn abwerfen sollte, aufgekommen waren, nahm die BME zunächst wieder Abstand vom Bau der Strecke. Die notwendigen Vorarbeiten wurden deshalb vom preußischen Staat finanziert. Die ganze Strecke auf Staatskosten herzustellen, schien angesichts der unsicheren Rentabilitätsfrage den Beamten im Ministerium allerdings nicht geheuer, und so lag die Idee nahe, die vom Bahnbau betroffenen Gemeinden aufzufordern, sich durch kostenlose Grundstücksabtretungen an den Baukosten zu beteiligen. Außerdem sollten mögliche Verluste durch einen Jahresbeitrag der Interessenten gedeckt werden, denn es stellte sich bald heraus, dass die der Rentabilitätsberechnung zugrunde liegenden Zahlen „geschönt" waren. So rechnete man alle in Richtung Köln verfrachteten Güter einfach dem Frachtaufkommen der neuen Bahn zu, obwohl völlig unklar war, ob ein Versender den auch mit höheren Frachtkosten verbundenen großen Umweg über Hagen in Kauf nehmen würde. Man mag den Siegenern zugestehen, die Zahlen deshalb manipuliert zu haben, weil durch den Bahnbau ein wirtschaftlicher Aufschwung erwartet werden konnte, der letztlich zu den genannten Frachtmengen und damit einem rentablen Verkehr geführt hätte. Verzögerungen gab es nun auch noch deshalb, weil inzwischen auch eine Köln – Gießener Bahn diskutiert wurde, die in Betzdorf einen Abzweig nach Siegen ermöglicht hätte. Dadurch wäre allerdings das Siegener Gebiet in eine periphere Lage abgedrängt worden. Da die Siegener befürchteten, dass nicht zwei Linien ins Siegerland gebaut würden, regte sich naturgemäß Widerstand gegen die Sieg- und Hellertalbahn Köln – Gießen. Diese

Der Nahverkehrszug aus Richtung Siegen hat Altena im Lennetal erreicht. Im Hintergrund die Burg Altena, auf der zu Anfang des Jahrhunderts die erste deutsche Jugendherberge entstand (18. Juli 1993)

Ein Güterzug aus Richtung Hagen durchfährt den Bahnhof Finnentrop an der Ruhr-Sieg-Strecke. Hier zweigt die Nebenbahn nach Olpe ab (30. Mai 1997)

**Ein Interregio Münster – Frankfurt fährt in den Husberger Tunnel zwischen Altena und Werdohl ein. Es schiebt die 112 157 vom Bh Berlin (20. April 1996)**

**Bei Steuerwagenmangel werden die Interregiozüge Münster – Frankfurt mit zwei Loks der Reihe 112 bespannt, um in Hagen und Gießen das „Kopfmachen" zu vermeiden (30. Mai 1997)**

Linie hatte unglücklicherweise auch noch einen gewissen strategischen Wert, so dass der Bau der Linie auf Dauer kaum verhindert werden konnte. Man versuchte in Siegen deshalb, den Bau der Strecke Hagen – Siegen mit dem Argument voranzutreiben, beide Bahnlinien zusammen würden zwar als Erschließungslinien allein für das Siegerland nicht rentabel sein, als überregionale Verbindungslinien aber durchaus gute Perspektiven haben. Zwar war die preußische Regierung geneigt, zunächst die Strecke nach Hagen bauen zu lassen, über die endgültige Linienführung herrschte aber nach wie vor Unklarheit. Der Handelsminister ließ erneut alle Varianten prüfen und 1855 war die Entscheidung zugunsten der Lenne – Hundem-Linie gefallen. Offen war aber immer noch, in welchem Umfang sich die betroffenen Gebiete am Grunderwerb beteiligen würden. Die schließlich aufgebrachten Summen waren bei weitem nicht ausreichend, so dass am Ende noch ein Betrag von 160 000 Talern für den Grunderwerb ausstand, weil insbesondere die Kreise Hagen, Meschede und Olpe zu finanziellen Zugeständnissen nicht zu bewegen waren, obwohl deren Industrie vom Bau der Strecke profitierte. Für das Olper Gewerbe kann sogar von einer existenzsichernden Rolle der Eisenbahnstrecke gesprochen werden. Die verschiedenen Zechen des Bergamtsbezirks Dortmund erklärten sich aber glücklicherweise bereit, die erforderliche Summe aufzubringen, obwohl sie sicherlich nur geringe Vorteile durch den Bahnbau hatten.

Die nötige Summe für den Bau der Strecke kam durch Schuldverschreibungen zusammen, entsprechende Zinsen in Höhe von 3 % wurden zum größten Teil vom preußischen Staat übernommen, so dass die Bergisch Märkische Eisenbahngesellschaft nur für 1/4 % aufkommen musste. Die Wertpapiere waren aus diesem Grunde recht attraktiv. Trotzdem musste bei der Ausgabe ein besonders günstiger Kurs angeboten werden, um die nötige Bausumme aufbringen zu können.

Am 13. Oktober 1856 erteilte die preußische Regierung die Konzession zur Aufnahme der Bauarbeiten, die Baugenehmigung folgte am 17. April 1857. Wegen der schwierigen Lage am Geldmarkt verzögerte sich der Bau der Bahn immer wieder; die Eröffnung des ersten Streckenstücks von Hagen nach Letmathe (21 km) konnte deshalb erst am 21. März 1859 gefeiert werden. Lenneaufwärts ging der Bau dann zügig voran. Die nächsten neun Kilometer bis Altena wurden am 16. 7. 1860 dem Verkehr übergeben, für die restlichen 76 Kilometer bis Siegen reichte dann ein knappes weiteres Jahr. Vom 6. 8. 1861 an lief der durchgehende Betrieb auf der zunächst noch eingleisigen, insgesamt 106 Kilometer langen Strecke von Hagen über Letmathe, Altena, Werdohl, Plettenberg, Altenhundem, Kreuztal und Weidenau nach Siegen. Die Trasse war von Anfang an für den zweigleisigen Betrieb vorbereitet, so dass der Bau des zweiten Streckengleises 1872 innerhalb kürzester Zeit erfolgen konnte. Die Trassierung der heutigen Interregio-Strecke war aufwendig; 50 Prozent der gesamten Streckenlänge verlaufen in Kurven. Allein neun Tunnelbauwerke mit Längen zwischen 83 und 935 Metern Länge müssen die Züge im engen Lennetal durchqueren:

| | |
|---|---|
| *Nachrodter Tunnel zwischen Nachrodt und Altena* | *627 m* |
| *Pragpauler Tunnel bei Altena* | *83 m* |
| *Hünengrabentunnel bei Altena* | *148 m* |
| *Buchholzer Tunnel bei Altena* | *935 m* |
| *Husberger Tunnel zwischen Altena und Werdohl* | *794 m* |
| *Ütterlingser Tunnel in Werdohl* | *222 m* |
| *Werdohler Tunnel in Werdohl* | *315 m* |
| *Baukloher Tunnel zwischen Werdohl und Plettenberg* | *306 m* |
| *Sieseler Tunnel zwischen Plettenberg und Rönkhausen* | *95 m* |

Im Rahrbacher Tunnel bei Welschen Ennest (698 m) wechselt die Bahn vom Flusssystem der Lenne in das der Sieg.

Da die Züge von Osten her in den Betzdorfer Bahnhof einliefen, mussten alle Züge, die nach Fertigstellung der Siegtal- und Hellertalbahn von Köln über Betzdorf nach Haiger und von dort in Richtung Gießen/Frankfurt fahren

**Im August 1959 ist die 50 852 mit einem Güterzug auf der Ruhr-Sieg-Strecke Richtung Süden unterwegs**

**Der Nahverkehrszug von Siegen nach Hagen verlässt den nur 95 m langen Sieseler Tunnel zwischen Plettenberg und Werdohl (3. August 1994)**

**Ein Interregio nach Frankfurt passiert die Burg Altena im Lennetal (19. Mai 1998)**

**Auf der Ruhr-Sieg-Strecke überquert die 151 165 mit einem Güterzug Richtung Süden am 3. August 1994 in Lenhausen die Lenne**

**Die 57 3457 des Bw Schwerte auf einer Steinbogenbrücke bei Haiger**

wollten, kopfmachen, bis am 1. Dezember 1915 die Direktverbindung Weidenau – Haiger unter Umgehung des Siegener Bahnhofs in Betrieb genommen wurde. Dadurch entwickelte sich die Ruhr-Sieg-Strecke zu einer vollwertigen Nord-Süd-Verbindung, die wesentlich zur Entlastung der Rheinstrecken beitragen konnte. Im Verlauf dieser neuen Strecke kamen zwei weitere Tunnel hinzu:

*Giersbergtunnel*
*zwischen Weidenau und Siegen Ost 700 m*
*Rudersdorfer Tunnel*
*zwischen Rudersdorf und Dillbrecht 2652 m*

Über 100 Jahre nach der Eröffnung kam es noch einmal zu umfangreichen Bauarbeiten an der Ruhr-Sieg-Strecke. Im Zuge der Elektrifizierung im Jahre 1965 senkte die DB das Gleis in den Tunnels ab, weil das Tunnelprofil für einen elektrischen Fahrbetrieb nicht ausreichte.

Die Zukunft dieser einst bedeutenden Hauptstrecke ist ungewiss. Immer wieder haben Verkehrspolitiker ihren Ausbau gefordert, zumindest aber den Einsatz von Fahrzeugen mit Neigetechnik, um eine Erhöhung der für heutige Verhältnisse geringen Fahrgeschwindigkeit erreichen zu können. Bisher ist leider nichts geschehen, deshalb werden die im Zweistundentakt verkehrenden Interregios von Münster nach Frankfurt auch weiterhin mit maximal 110 km/h durchs Lennetal rollen. Wenn die Neubaustrecke Köln – Frankfurt fertig ist, wird sich zeigen, ob Fernverkehr auf der kurvenreichen Strecke weiterhin möglich ist. Schon heute wird mit Fahrgastzählungen in den IR-Zügen die Rentabilität des Fernverkehrs überprüft. Eine höhere Auslastung der Züge erhofft sich die Deutsche Bahn AG durch eine bessere Anbindung an die seit 25. Mai 1998 neu eingerichtete ICE-Linie vom Ruhrgebiet nach Berlin. Zudem hält jetzt je ein Zug morgens und abends nicht nur in Altenhundem, Finnentrop und Werdohl, sondern zusätzlich in Plettenberg und Altena. Hierbei handelt es sich aber eigentlich nur um einen „beschleunigten Regionalexpress", denn der Zug verkehrt nur von und nach Siegen.

# Nachtrag

Mitten in die Bearbeitungszeit dieses Buches fiel die Eisenbahnkatastrophe von Eschede, die 101 Menschenleben kostete und die Familien der Opfer fassungslos hinterließ. Das Unglück hat aber nicht nur unsägliches Leid über zahlreiche Menschen gebracht. Es bescherte der DB in den Folgewochen auch Einnahmeverluste in zweistelliger Millionenhöhe. Die Reaktion der Bahn folgte im Juli mit der Ankündigung, unwirtschaftliche Züge des Fernverkehrs zur Disposition stellen zu wollen. Dieser Plan hat mit hoher Wahrscheinlichkeit ernste Folgen für die Lennetalbahn. Da auf der IR-Linie Münster – Frankfurt täglich annähernd 1000 Reisende für einen kostendeckenden Betrieb fehlen, ist die Bahn offenbar entschlossen, diese besonders im Abschnitt Siegen – Münster unrentable Linie aufzugeben. Hauptgrund für die mangelnde Attraktivität auf dem genannten Streckenstück ist die geringe Geschwindigkeit der Züge im Sauerland. So droht dieser Region vielleicht der endgültige Abschied vom Eisenbahnfernverkehr. Im Zeitalter der immer höheren Geschwindigkeiten setzt – wieder einmal, wie zu Beginn des Eisenbahnzeitalters – die ungünstige Topographie dem Eisenbahnverkehr im „Land der tausend Berge" Grenzen. Kurze Zeit nach dieser Hiobsbotschaft ließ die Deutsche Bahn AG dann allerdings verlauten, sie wolle ersatzweise eine Verbindung von Frankfurt nach Aachen über Düsseldorf einrichten, so dass die beiden Großflughäfen von Frankfurt und Düsseldorf mit Zügen dieser Linie erreichbar wären. Gleichzeitig soll die Zahl der Nahverkehrszüge zwischen Hagen und Hamm erhöht werden, um auch die Anschlüsse in Richtung Norddeutschland/Berlin sicherzustellen. Ob diese Linienführung für eine Belebung der Nachfrage sorgen kann, muss sich erst noch erweisen. Die Bahn selbst könnte durch kürzere Fahrzeiten zwischen Siegen und Hagen die Attraktivität wesentlich steigern. Da ein Streckenausbau nicht in Frage kommt, sollte unbedingt über den Einsatz von Neigetechnikfahrzeugen nachgedacht werden, die bei einer anzunehmenden Geschwindigkeitssteigerung von 20 % immerhin mit 130 km/h durchs Lennetal rollen könnten.

**Eröffnung des elektrischen Betriebes am 14. Mai 1965 auf der Lennebrücke in Lenhausen mit der E 10 1312**

**Ein beliebtes Fotomotiv auf der Strecke Brilon Wald – Korbach ist der Willinger Viadukt, den im Mai 1986 eine Lok der Reihe 216 überquert**

# 3. Vom Ruhrgebiet zur Warburger Börde – die Obere Ruhrtalbahn

Als 1849 mit der „Westfälischen Eisenbahn" eine Verbindung zwischen West- und Mitteldeutschland geplant wurde, hofften die Menschen im Hochsauerland vergeblich auf einen Streckenverlauf durch das Tal der Ruhr. Gebaut wurde die auch heute noch bedeutende Hauptstrecke zum Verdruss der Sauerländer nämlich über Soest und Paderborn, so dass man im Ruhrtal eine sechs- bis achtstündige Postkutschenfahrt auf sich nehmen musste, um das neue Verkehrsmittel nutzen zu können. Die Betriebe im Einzugsbereich der Ruhr gerieten dadurch in eine ungünstige Konkurrenzsituation. Zahlreiche Unternehmen mussten wegen der teuren Frachten ihre Arbeit einstellen. Das Sauerländer Erz verlor wegen der hohen Transportkosten zunehmend seinen Absatzmarkt im Industrierevier an der unteren Ruhr. Zum Leidwesen der Ruhrtalbewohner verlief auch die erste Eisenbahnstrecke des Sauerlandes nicht durch das Ruhrtal, sondern durch die Täler von Lenne und Hundem. 1856 erklärte sich die BME bereit, die Strecke von Hagen nach Siegen zu bauen. Im selben Jahr aber bildete sich das „Ruhr-Eisenbahn-Comite" mit dem Ziel, auch das Ruhrtal durch die Bahn erschließen zu lassen. Ihm gehörten Vertreter der damaligen Kreise Meschede, Brilon, Arnsberg, Soest und Iserlohn an. Ebenso vertreten waren die Städte Hamm und Dortmund. Zunächst war an eine Linienführung von Werl über Arnsberg und Meschede nach Warburg gedacht worden, schließlich setzte sich aber der Vorsitzende des Komitees, der Arnsberger Regierungspräsident von Spankeren, durch, der für eine Strecke Hagen – Warburg plädierte. Zur selben Zeit forderte das Mescheder Kreisblatt ebenfalls eine Ruhrtaleisenbahn, allerdings unter Einbeziehung der Stadt Menden, so dass zwischen Langschede und Neheim-Hüsten das Ruhrtal vorübergehend verlassen worden wäre. Nach diesem Vorschlag hätte die Strecke hinter dem Elleringhauser Tunnel ebenfalls einen anderen Verlauf genommen. Unter Umgehung von Warburg sollte die Bahnlinie über Wolfhagen (spätere Strecke Korbach – Arolsen – Kassel) bis Kassel führen. Obwohl der genaue Streckenverlauf also noch nicht klar war, erhielt das Komitee Anfang 1857 vom Preußischen Handelsministerium die Vollmacht für die Vorarbeiten. 1858 waren sich alle Beteiligten einig, dass unter Berücksichtigung der technischen, finanziellen und wirtschaftspolitischen Aspekte nur eine Linienführung in Frage kam, die ausschließlich durch das Ruhrtal führte und in Warburg Anschluss an die Westfälische Eisenbahn erhalten sollte. Die Finanzierung schien auch zunächst gesichert zu sein, denn der Preußische Staat hatte eine finanzielle Beteiligung und eine Zinsgarantie für private Anleger in Aussicht gestellt. Letztendlich wurden die staatlichen Zusagen aber wieder zurückgezogen, so dass der Bau ausschließlich durch privates Kapital finanziert werden musste. Glücklicherweise gab es in der Verwaltung der Bergisch Märkischen Eisenbahn schon längere Zeit Überlegungen, eine eigene Abfuhrstrecke nach Osten zu bauen. Die bautechnischen Probleme bei der Überwindung der Rhein-Ruhr-Wasserscheide hatten die Verantwortlichen aber bisher zögern lassen, mit dem Bau einer nach Osten gerichteten eigenen Bahnlinie zu beginnen. Dass man letztendlich doch die „Obere Ruhrtalbahn" baute, hing mit der schwierigen Situation des Unternehmens zu Beginn der sechziger Jahre des vorigen Jahrhunderts zusammen. In einer Denkschrift der Gesellschaft aus dem Jahre 1862 wurde der Hauptgrund für eine nur geringe Verzinsung des privaten Anlagekapitals darin gesehen, dass zwar große Transportmengen im Bereich der BME anfielen, diese aber nur auf kurzen Strecken

**Der D 397 Köln – Kassel im August 1966 kurz vor der Einfahrt in den Elleringhauser Tunnel**

transportiert wurden und relativ schnell an andere Eisenbahngesellschaften abgegeben wurden, weil eigene Abfuhrstrecken fehlten. Auf einer außerordentlichen Generalversammlung berieten die Mitglieder deshalb am 30. Juni 1865 auch über den Bau einer Bahnlinie, die von Schwerte aus durch das Ruhrtal nach Bestwig führen sollte. Sie war als Endstück einer Linie gedacht, die von Düsseldorf über Ratingen und Kettwig nach Werden (heute Essen-Werden) an der unteren Ruhr führen sollte. Von hier aus wollte die BME ruhraufwärts weiterbauen. Trotz der zu erwartenden Probleme beim Bau der Bahn im Gebirge an der oberen Ruhr hoffte man wegen des zu erwartenden Frachtaufkommens auf eine gute Rentabilität. Insbesondere die reichen Vorkommen an Holz, Schiefer und Eisenerz im Hochsauerland ließen diese Hoffnung nicht unbegründet erscheinen. Die ein Jahr später, am 1. Oktober 1866, erfolgte Konzessionierung der Strecke war allerdings mit der Auflage verbunden, die Bahnlinie in Richtung „Cassel", wie es damals hieß, weiterzubauen. Für die Fortführung der Strecke gab es zwei Alternativen: Eine Streckenführung durch das damalige Fürstentum Waldeck direkt nach Kassel oder in Richtung Warburg mit Anschluss an die Westfälische Eisenbahn und die Hessische Nordbahn. Letztendlich entschied sich die BME für die nördliche der beiden Streckenvarianten, weil trotz größerer Streckenlänge die topographischen Bedingungen zwischen Bestwig und Warburg günstiger erschienen. Obwohl ursprünglich daran gedacht worden war, die Stadt Brilon an die Bahnlinie anzuschließen, rückten die Planer trotz heftiger Briloner Proteste von dieser Variante wieder ab. Brilon erhielt erst im Jahre 1900 mit dem Bau des ersten Teilstücks der Strecke Brilon Wald – Paderborn Anschluss an die Strecke Hagen – Warburg. Von Schwerte aus folgt die Bahnlinie bis etwa Nuttlar dem Tal der Ruhr, gelangt dann auf einer Rampe zum 1388 m langen Elleringhauser Tunnel, in dem die Rhein-Weser-Wasserscheide überwunden wird. Auf der östlichen Tunnelseite gelangt die Bahn nach Brilon Wald. Von hier aus geht es abwärts durch das Hoppecketal über Bredelar nach Marsberg. Von hier bis zum Endpunkt der Strecke in Warburg folgen die Gleise dem Lauf der Diemel.

Es sollte aber noch einige Jahre dauern, bis eine durchgehende Reise von Hagen nach Warburg möglich war. Zunächst einmal wurde mit dem Bahnbau zwischen Schwerte und Arnsberg begonnen. 1868 fanden erste Erdarbeiten statt und bereits zwei Jahre später, am 1. 6. 1870, begann der Eisenbahnverkehr auf der 43,2 km langen Strecke. Zwar erfolgte der Betrieb zunächst eingleisig, in Erwartung eines starken Verkehrszuwachses war aber der Bahnkörper von Anfang an für zweigleisigen Betrieb vorbereitet worden. Der zweigleisige Ausbau erstreckte sich von 1874 an über 26 Jahre und konnte im Jahre 1900 mit dem Streckenabschnitt zwischen Scherfede und Warburg vollendet werden. Nach der Eröffnung des ersten Streckenstücks baute die BME zunächst zügig in Richtung Meschede weiter. Bereits am 16. 7. 1870 erreichte eine erste Lokomotive den Mescheder Bahnhof. Wegen des Deutsch-Französischen Krieges verzögerten sich dann aber alle weiteren Bauarbeiten an der Strecke, so dass die Eröffnung des Streckenabschnitts Arnsberg – Meschede (19,79 km) erst am 18. 12. 1871 erfolgen konnte. Die beiden restlichen Teilstücke der Strecke Hagen – Warburg wurden dann im Abstand von etwa je einem halben Jahr in Betrieb genommen: Zwischen Meschede und Nuttlar (10,48 km) fuhren die Züge seit dem 1. 7. 1872 und der durchgehende Betrieb bis Warburg (Nuttlar – Warburg: 65,88 km) war vom 6. 1. 1873 an möglich.

Obwohl die neue Bahnlinie fast ausschließlich durch die Täler von Ruhr, Hoppecke und Diemel führte, war eine ganze Reihe von Kunstbauten erforderlich. Allein sieben Tunnelbauwerke mit einer Länge von insgesamt 3,8 Kilometern mussten errichtet werden:

| | |
|---|---|
| *Schloßbergtunnel bei Arnsberg* | *276 m* |
| *Glösinger Tunnel bei Oeventrop* | *685 m* |
| *Freienohler Tunnel bei Freienohl* | *650 m* |
| *Schellensteintunnel bei Nuttlar* | *247 m* |
| *Elleringhauser Tunnel bei Brilon Wald* | *1393 m* |
| *Messinghauser Tunnel bei Messinghausen* | *321 m* |
| *Beringhauser Tunnel bei Bredelar* | *236 m* |

**Die 86 706 im Bauzugdienst bei Brilon Wald (August 1962)**

**Die Zuglok des Eilzugs Kassel-Wilhelmshöhe – Hagen erhielt in den achtziger Jahren eine Sonderlackierung für den „Citybahnverkehr“ auf der Strecke Gummersbach – Köln (30. März 1993)**

**Bei Velmede rollt am Abend des 30. März 1993 ein Güterzug durch das Ruhrtal in Richtung Hagen. An diesem Tag gehört vor allem Schotter zu den Gütern, die die 216 131 hier zu befördern hat**

**Von Brilon Wald aus bedient der Uerdinger Schienenbus die Strecke nach Korbach. Im Vordergrund die Streckengleise in Richtung Hagen (29. Juni 1986)**

**Der Nahverkehrszug von Winterberg nach Bestwig nähert sich am 22. Juli 1993 dem Abzweig Nuttlar. Auch hier betätigt sich wieder eine ehemalige Citybahnlok der Reihe 218 aus Hagen**

Meist ging es darum, scharfe Flussbiegungen abzuschneiden, denen die Gleisradien nicht folgen konnten. Im Elleringhauser Tunnel zwischen den Stationen Olsberg und der damaligen Station Brilon – Corbach (heute Brilon Wald) allerdings wird die Wasserscheide zwischen Rhein und Weser überwunden. Dazu waren zwei Rampenstücke beiderseits des Tunnels erforderlich.
Daneben mussten besonders im Ruhrtal zahlreiche Brücken und Viadukte gebaut werden, weil die Strecke häufiger von einem Flussufer auf das andere übersetzen muss. Längstes Bauwerk dieser Art ist der Viadukt hinter dem Schloßbergtunnel in Arnsberg mit einer Länge von über 80 Metern.
Für die Bereitstellung der Lokomotiven und ihre Versorgung wurden entlang der Strecke Betriebswerkstätten (Bahnbetriebswerke) in Schwerte, Fröndenberg, Arnsberg und Bestwig eingerichtet. Hinzu kam noch die dem Betriebswerk Bestwig unterstellte Lokstation Bredelar, die für den östlichen Rampenverkehr nach Brilon Wald hinauf zuständig war. Neben der Betriebswerkstätte Arnsberg entstand außerdem die „Eisenbahnhauptwerkstätte Arnsberg" mit zeitweilig 700 Beschäftigten, deren relativ gut bezahlte Arbeitskräfte die Wirtschaft Arnsbergs belebten und auch im Wohnungsbau der Stadt bleibende Spuren hinterließen.

## Die Seitenlinien

Nach Eröffnung der Gesamtstrecke blieben die Seitentäler der oberen Ruhr noch lange Jahre ohne Bahnanschluss, so dass in diesen abseits gelegenen Gebieten der mit einem Bahnbau verbundene wirtschaftliche Aufschwung nicht stattfand. Lediglich ins Hönnetal hinein hatte man 1873 eine Stichbahn von Fröndenberg nach Menden gebaut, die 1912 bis Neuenrade verlängert wurde. Erst um die Jahrhundertwende begann auch die Erschließung der Seitentäler durch Sekundärbahnen. Zunächst wurde 1899 Fröndenberg mit dem 12 Kilometer entfernten Unna verbunden, ein Jahr später erhielt die Stadt Brilon mit einer 7 Kilometer langen Nebenbahn nach Brilon Wald Anschluss an die Ruhrtalbahn. Da die Westfälische Landeseisenbahn 1898/99 von Brilon aus eine Strecke nach Soest gebaut hatte, war die Ruhrtalbahn nicht nur in Warburg, sondern auch in Soest an die Strecke Hamm – Paderborn angeschlossen. Im gleichen Jahr fuhr der erste Zug von Neheim-Hüsten aus durch das Röhrtal ins 14 Kilometer entfernte Sundern. In den ersten zehn Jahren des neuen Jahrhunderts entstand dann von Nuttlar ausgehend in drei Bauabschnitten eine weitere Nebenstrecke durch das Negertal über Winterberg nach Frankenberg. Das letzte Teilstück dieser Verbindung (Winterberg – Frankenberg/36 km) konnte 1908 dem Verkehr übergeben werden. Drei Jahre später war auch die erste Verbindung zwischen den beiden Hauptstrecken des Sauerlandes hergestellt, als die Eröffnung der die 35 Kilometer langen Strecke Finnentrop – Wennemen gefeiert werden konnte. In Wenholthausen kurz vor Wennemen zweigte die zweite Nebenstrecke von der Ruhr zur Sieg ab, die über Fredeburg und Schmallenberg nach Altenhundem führte. Sie war bereits 1889 von Altenhundem bis Schmallenberg befahrbar, das letzte Teilstück nach Wenholthausen wurde aber erst im Oktober 1911 eröffnet. Schon im Kanonendonner des Ersten Weltkriegs entstand die letzte Zweigbahn der Hauptstrecke durch das Ruhrtal. Am 31. 10. 1914 begann der Eisenbahnverkehr auf dem ersten Teilstück einer geplanten Bahnlinie von Brilon Wald nach Korbach. Das 7 Kilometer lange Streckenstück endete bis 1917, als der Rest der Strecke in Betrieb ging, in Willingen.
Die von der Oberen Ruhrtalbahn abzweigenden Nebenstrecken sind bis auf wenige Ausnahmen heute im Reisezugverkehr stillgelegt. Im Hönnetal verkehren noch Züge, im Negertal kann man neuerdings im Stundentakt zwischen Bestwig und Winterberg pendeln und auch nach Korbach fahren von Brilon Wald aus noch Reisezüge. Die restlichen Strecken

werden zum Teil noch im Güterverkehr bedient. Komplett abgebaut ist das Gleis südlich von Winterberg und zwischen Finnentrop und Eslohe.

## Niedergang einer Hauptstrecke

Aber auch an der Hauptstrecke selbst ist der Bedeutungsverlust der Eisenbahn nicht spurlos vorübergegangen. Bereits 1926 wurde die Hauptwerkstätte Arnsberg aufgelöst, ihre Aufgaben nach Schwerte Ost verlagert. Der große Verschiebebahnhof Geisecke bei Schwerte wurde im Krieg durch Bomben zerstört und nach 1945 nicht mehr aufgebaut.
In den fünfziger Jahren begann die Deutsche Bundesbahn auch im Hochsauerland mit der Schließung von Bahnbetriebswerken. 1953/54 verloren die Dienststellen in Arnsberg und Fröndenberg ihre Selbständigkeit. Das Arnsberger Bw wurde dem Bw Bestwig, das Bw Fröndenberg dem Bw Schwerte angegliedert. Bereits 1950 war für das nicht mehr im Sauerland gelegene Scherfeder Bw das Aus gekommen. Mit Warburg (1959) und Schwerte (1966) verloren auch die Orte am Anfangs- und Endpunkt der Strecke ihre Bahnbetriebswerke, so dass im Ruhrtal schließlich nur noch das Bw Bestwig übrig blieb. 1982 wurde es in eine Außenstelle des Bw Hagen 1 umgewandelt und kurz danach ganz aufgelöst.
Der Rückzug der Bahn aus dem Hochsauerland zeigt sich aber nicht nur in der Schließung von Bahnbetriebswerken. Zahlreiche Haltepunkte wurden aufgegeben, Bahnhöfe in „Ausweichanschlussstellen" (Awanst) umgewandelt. Beispielhaft für diese Entwicklung ist der Bahnhof Nuttlar am Abzweig der Strecke ins Negertal. Im Jahre 1969 fielen alle Reisezughalte fort, drei Jahre später wurde die Station geschlossen. Nachdem die nun überflüssig gewordenen Gleise herausgerissen worden

**Die 38 2097 mit einem Personenzug Richtung Scherfede zwischen Bremecketal und Hoppecke (30. März 1964). Mittlerweile ist die Strecke eingleisig**

**Im Winter rollt an Wochenenden Sonderzug auf Sonderzug durch das Negertal nach Winterberg, um die Skiläufer aus dem Ruhrgebiet zu den Pisten am „Kahlen Asten" zu bringen (Winterberg, 29. Januar 1984)**

**Außerhalb der Skisaison reicht ein Triebwagen der Reihe 628 aus, um den geringen Personenverkehr auf der Nebenbahn von Bestwig nach Winterberg zu bewältigen (bei Winterberg, 2. März 1997)**

Ein VT 98 ermöglicht für Fahrgäste auf der Oberen Ruhrtalbahn in Brilon Wald den Anschluss in Richtung Korbach (30. März 1993)

Auf der Fahrt nach Hagen passiert die in Hagen beheimatete 218 mit ihrem Drei-Wagen-Eilzug den kleinen Ort Velmede bei Bestwig (22. Juli 1993)

waren, wandelte die DB das Stellwerk in eine Abzweigstelle um. Ende der siebziger Jahre fiel das Stationsgebäude der Spitzhacke zum Opfer und 1987 entfernte ein Bautrupp das letzte vorhandene Ladegleis. Ebenso wie in Nuttlar hält schon lange kein Zug mehr in Elleringhausen (seit 1978), Bremecketal (seit 1978) und Wrexen (seit 1987). Aber auch größere Bahnhöfe haben an Bedeutung verloren. So ist Bestwig heute ein eher unbedeutender Bahnhof geworden. Der Ort verlor nicht nur sein Bahnbetriebswerk, sondern seit Mitte der sechziger Jahre auch seine Funktion als Zugbildungsbahnhof. Obwohl die DB in Olsberg noch 1967 ein neues Empfangsgebäude errichten ließ, das den Bau von 1875 ersetzte, wurden Anfang der achtziger Jahre beide Stellwerke stillgelegt, alle Signale abgebaut und der Bahnhof in eine Ausweichanschlussstelle umgewandelt. Dasselbe geschah in Bredelar und Hoppecke.

## Zugverkehr im oberen Ruhrtal

Dem rückläufigen Verkehr entsprechend, ist die Strecke Hagen – Warburg heute nicht mehr durchgehend zweigleisig. Seit dem 27. März 1968 wird der Streckenabschnitt Bredelar – Marsberg nur noch eingleisig befahren und zum Sommerfahrplan 1984 endete der zweigleisige Betrieb östlich von Brilon Wald. Hier wurde das zweite Streckengleis kurz darauf entfernt.

Nicht nur heute, auch zur Zeit der Eröffnung der Oberen Ruhrtalbahn spielte die Strecke im Ost-West-Verkehr eine wesentlich geringere Rolle als die weiter nördlich verlaufenden Hauptstrecken von Hamm nach Hannover und Paderborn/Altenbeken. Die Ursache lag wohl damals in der größeren Streckenlänge auf dem Weg in Richtung Berlin und der geringeren Bevölkerungsdichte im Einzugsbereich. In den ersten Jahrzehnten des Bestehens der Bahnlinie wird man deshalb in den Fahrplänen vergeblich nach schnellfahrenden Zügen suchen. Zunächst gab es nur Personenzüge im Ruhrtal, die gegen Ende des Jahrhunderts durch sogenannte „beschleunigte" Personenzüge ergänzt wurden. Erst im Jahre 1904 verkehrten mit D 29/30 und D 187/188 die ersten Schnellzüge von Köln nach Berlin und Leipzig. Bis in den Zweiten Weltkrieg hinein wurden diese Zugläufe beibehalten. Das Zugpaar D 29/30

**Die 03 1021 mit einem Eilzug aus Warburg auf der Talfahrt bei Olsberg (Aufnahme vom Juni 1963)**

gehörte sogar noch in der Nachkriegszeit zum Zugangebot der Strecke, wegen der deutschen Teilung allerdings beschränkt auf den Laufweg Köln – Braunschweig und später dann auch nur noch als Eilzugverbindung angeboten. Bis in die dreißiger Jahre hinein wurde das Angebot an Fernverbindungen ausgeweitet. Neben D-Zügen von Aachen nach Berlin und von Köln nach Dresden oder Leipzig kamen regionale Eilzugverbindungen aus dem Rheinland Richtung Kassel hinzu. Bemerkenswert ist hierbei, dass mit dem Zugpaar E 175/176 Arnheim/Bad Wildungen sich im Jahr 1936 erstmalig der für das Sauerland als Wirtschaftsfaktor zunehmende Fremdenverkehr im grenzüberschreitenden Zugverkehr niederschlug. Zu Beginn des zweiten Weltkrieges wurde der Personenverkehr eingeschränkt. Zwar verkehrten die beiden D-Zugpaare D 29/30 und D 187/188 weiterhin durch das Ruhrtal, die genannten Eilzugpaare waren aber fortgefallen. 1941 tauchte jedoch das Eilzugpaar E 175/176 wieder im Fahrplan auf, der Zuglauf endete aber nun in Emmerich. In diesen Jahren kam im Personenverkehr eine neue Zuggattung hinzu, der „Sonderzug für Fronturlauber". Als SF 225/325 verkehrte ein solches Zugpaar zwischen Brüssel Nord und Leipzig.

Im März 1945 wurde wegen der kriegerischen Auseinandersetzungen im sogenannten „Ruhrkessel" der Zugverkehr vorläufig eingestellt und erst im November 1945 mit vier Personenzugpaaren in bescheidenem Umfang wieder aufgenommen. Zum Jahreswechsel 1946/47 setzte auch der Fernverkehr im Ruhrtal wieder ein. Neben den beiden traditionellen Schnellzugpaaren verzeichnete der Fahrplan auch wieder Eilzugleistungen zwischen Köln und Kassel, aber auch in der Relation Hagen – Brilon Wald. Das Angebot an Eilzügen wurde bis Mitte der fünfziger Jahre stark ausgedehnt, die Schnellzüge allerdings zu Eilzügen herabgestuft. Daneben gab es noch zwei Reisezugpaare für den Militärverkehr, die von Aachen aus nach Arnsberg und Kassel fuhren. Der Winterfahrplan 1958 wies dann neben mehreren

**Im April 1964 befördert eine Lok der Baureihe 50 den Eilzug Amsterdam – Bad Wildungen über das Willinger Viadukt**

Eilzugpaaren mit dem D 397/398 Köln – Kassel/ Kassel – Köln auch wieder ein Schnellzugpaar auf. Die Eilzüge nahmen ihren Weg von Köln, Mönchengladbach und Dortmund aus und endeten in Warburg oder Kassel. Über eine wesentlich größere Entfernung verkehrte allerdings E 529/530 Aachen – Braunschweig/ Braunschweig – Aachen.

Zu Beginn der sechziger Jahre erschien mit den E 768/791 auch wieder die traditionelle Eilzugverbindung Arnheim – Bad Wildungen in den Fahrplänen. In den nächsten Jahren wurde das Eilzugangebot auf der Oberen Ruhrtalbahn mit weiteren Verbindungen zwischen dem Rhein/Ruhr-Gebiet und Bestwig/Brilon Wald ausgeweitet, der „Fremdenverkehrseilzug" von und nach Bad Wildungen verkehrte nun sogar bis Amsterdam. Damit war aber der Höhepunkt im Fernreiseverkehr überschritten. Als 1984 die in Scherfede von der Strecke Hagen – Warburg abzweigende Hauptbahn nach Holzminden ihren Reisezugverkehr

**Eine VT-98-Garnitur des Bw Bestwig überquert auf der Fahrt von Korbach nach Brilon Wald den Viadukt in Willingen (Mai 1986)**

**Soeben hat der Eilzug Warburg – Hagen den Bahnhof Langschede verlassen (26. Juli 1989)**

**Die 218 132 vom Bw Hagen-Eckesey bei der Ausfahrt aus dem Bahnhof Fröndenberg in Richtung Hagen. In diesem Bahnhof kreuzt die Strecke Unna – Neuenrade die Obere Ruhrtalbahn (26. Juli 1989)**

verlor, endete auch der traditionelle Zuglauf zwischen Aachen und Braunschweig. Zwar verblieben der Strecke Ende der achtziger Jahre neben verschiedenen Eilzügen ein Schnellzugpaar Amsterdam – Bad Wildungen, in den frühen neunziger Jahren allerdings wies die damalige Kursbuchstrecke 350 nur noch Eilzüge auf, denn das Zugpaar D 2328/D 2329 Bad Wildungen – Brilon Wald – Amsterdam wurde von der DB im Juni 1991 gestrichen. Seit einiger Zeit gibt es nun allerdings wieder eine saisonal freitags im Frühjahr und frühen Herbst angebotene D-Zug-Verbindung. Nach Amsterdam kann man aber nicht mehr reisen, denn die D 1798/1799 verkehren nur noch zwischen Duisburg Hbf und Korbach. Die verbliebenen Eilzüge liefen bis in das Jahr 1996/97 hinein – inzwischen als Regionalexpress bezeichnet – von Essen oder Hagen nach Warburg. Alle zwei Stunden wurden die Züge bis Kassel-Wilhelmshöhe weitergeführt, wo die Reisenden Anschluss an die ICE-Züge der Neubaustrecke

**Nach dem Umbau der Baureihe $03^{10}$ in den Jahren 1956 bis 1958 wurden alle Lokomotiven im Bw Hagen-Eckesey zusammengefasst. Dort übernahmen sie die Hauptlast des hochwertigen Reisezugverkehrs zwischen Hagen und Warburg. Im Juni 1963 war die 03 1021 mit einem Eilzug nach Warburg auf der Steigung bei Olsberg eingesetzt**

Hannover – Würzburg erhielten. Tagsüber kamen die Warburg anlaufenden Züge aus Essen, während die bis Kassel weitergeführten erst in Hagen eingesetzt wurden, so dass sich in dieser Zeit ein Stundentakt zwischen Hagen und Warburg ergab. Abends war es ähnlich, allerdings endeten die Kasseler Züge dann bereits in Bestwig.

Im Jahresfahrplan 1997/98 hatte sich das Bild insofern gewandelt, als nur noch frühmorgens oder abends durchgehende Zugverbindungen von oder nach Essen bestanden. Alle übrigen Züge verkehrten lediglich von Hagen aus stündlich nach Warburg oder Kassel-Wilhelmshöhe. Weil die nur bis Warburg geführten Züge dort Anschluss an die Interregios auf der Strecke Dortmund – Paderborn – Kassel hatten, war der ICE-Bahnhof Kassel-Wilhelmshöhe von Hagen aus stündlich erreichbar.

Wie bereits im Kapitel 1 angedeutet, gibt es seit Sommer 1998 einige weitere Änderungen im Personenverkehr der Oberen Ruhrtalbahn, denn zwischen Meschede und Schwerte wird eine zusätzliche Verbindung im Zweistundentakt angeboten (Regionalexpress-Linie 57). Alle durchlaufenden Züge (Regionalexpress-Linie 17) beginnen nun grundsätzlich in Hagen Hbf, im Wechsel werden wie bisher Warburg (IR-Anschluss nach Kassel-Wilhelmshöhe) oder Kassel-Wilhelmshöhe angefahren, früh morgens führen die beiden Frühzüge von Bestwig aus allerdings nach Kassel Hbf. Der Stundentakt auf dem Streckenstück zwischen Hagen und Warburg beginnt in Richtung Hagen kurz nach fünf Uhr, in der Gegenrichtung erst zwei Stunden später. Vorher gibt es Zugverkehr nur „aus der Mitte" der Strecke von Bestwig aus in Richtung der beiden Oberzentren Hagen und Kassel. Umgekehrt ist es abends, denn nach 20 Uhr enden alle Züge aus Hagen bereits in Bestwig, wo der letzte Zug um 23.22 Uhr eintrifft.In der Gegenrichtung besteht um 20.38 Uhr die letzte Möglichkeit, von Warburg aus bis Hagen (an: 22.45 h) zu reisen. Wer von Kassel-Wilhelmshöhe aus bis Hagen durchfahren möchte, muss den letzten durchgehenden Zug bereits um 18.50 Uhr besteigen.

Der Güterverkehr auf der Oberen Ruhrtalbahn weist keine kontinuierliche Entwicklung auf.

In den Anfangsjahren der Strecke gab es keine Durchgangsgüterzüge. Das änderte sich erst, als sechs Jahre nach Eröffnung des ersten Streckenstücks zwischen Schwerte und Arnsberg mit der Strecke Holzminden – Scherfede eine weitere Verbindung in Richtung Mitteldeutschland geschaffen worden war. Aber auch im Einzugsbereich der Oberen Ruhrtalbahn selbst entwickelte sich ein umfangreicher Güterverkehr. Bis kurz nach dem Ersten Weltkrieg wuchs das Güterverkehrsaufkommen stark an. Die Wirtschaftskrise der jungen Weimarer Republik führte zu einer radikalen Einschränkung des durchgehenden Güterverkehrs. Als die Nachfrage nach Güterverkehrsleistungen während der Hitler-Diktatur wieder zunahm, wuchs auch die Bedeutung der Strecke durch das Ruhrtal für den Ost-West-Güterverkehr erneut. Der Höhepunkt im Güterverkehr der Oberen Ruhrtalbahn wurde während des Zweiten Weltkriegs erreicht, als bis zu 250 (!) Züge täglich vor allem Nachschubmaterial Richtung Osten transportierten. Mit der deutschen Teilung verloren fast alle Ost-West-Strecken an Bedeutung, so dass es kurz nach Ende des Zweiten Weltkriegs zunächst erneut keine Durchgangsgüterzüge im Ruhrtal gab. Erst mit Gründung der Bundesrepublik Deutschland und dem beginnenden wirtschaftlichen Aufschwung befuhren wieder durchgehende Güterzüge die Strecke, die hauptsächlich zwischen Geisecke(Schwerte) und Warburg verkehrten. Bis Mitte der sechziger Jahre verschwanden diese Durchgangsgüterzüge wieder von der Strecke; in dieser Zeit wurde sogar der durchgehende Nahgüterverkehr zwischen Warburg und Bestwig beendet und Nachtruhe auf diesem Streckenabschnitt eingeführt. Auch die Zahl der auf Teilstrecken verbliebenen Güterzüge wurde im Laufe der Zeit reduziert.

Die derzeitige Situation im Personen- und Güterverkehr der Oberen Ruhrtalbahn macht deutlich, dass vielleicht gehegte Hoffnungen auf eine Aufwertung der Strecke nach der deutschen Einigung vergeblich waren. Die

Interregios von Köln/Düsseldorf/Aachen nach Erfurt, Chemnitz oder Weimar nehmen ihren Weg über die „Westfälische“ Strecke Hamm – Soest – Paderborn – Kassel. Von Hagen aus Richtung Kassel ist deshalb sogar der Umweg über Dortmund attraktiv. Die Fahrzeit für die etwa 200 Kilometer durch das Ruhrtal ist mit knapp 3 Stunden zwar etwa gleich lang wie die über Dortmund und von der Entfernung her auch günstiger, der Reisende kann aber auf der elektrifizierten Strecke Dortmund – Hamm – Paderborn – Kassel den Komfort der Intercity- oder Interregiofahrzeuge genießen. Wenn in einigen Jahren die Neubaustrecke Köln – Frankfurt in Betrieb geht, wird trotz des für 1999 diskutierten Einsatzes von Neigetechnikzügen eine Reise auf der Oberen Ruhrtalbahn auch für die Reisenden unattraktiv werden, die mit dem Fahrtziel Süddeutschland bisher von Hagen kommend in Kassel-Wilhelmshöhe auf die ICE-Züge der Neubaustrecke Hannover – Würzburg umstiegen (Fahrzeit: 4:06 h). Zur Zeit ist dieser Weg in Richtung Würzburg noch etwas schneller als über Siegen/Gießen/Frankfurt (4:18 h) oder über Köln/Koblenz/Frankfurt (4:23 h). Die Strecke Hagen – Warburg wird deshalb vermutlich in Zukunft im Personenverkehr nur mehr Bedeutung für den lokalen, allenfalls für den regionalen Eisenbahnverkehr haben. Im Güterverkehr ist dieses Stadium der Entwicklung bereits heute erreicht.

## Triebfahrzeuge

Die eingesetzten Lokomotiven sind zum Teil im Kapitel über das Bw Bestwig aufgeführt. Für den Personenfernverkehr schied diese Dienststelle allerdings ab etwa 1925 mit dem Auftauchen der ersten P 10 aus, da ein Lokwechsel dort nun nicht mehr erforderlich war. Hagener und Kasseler Maschinen dieses Typs waren in den Jahren bis zum Zweiten Weltkrieg im schweren Fernverkehr dominierend. Nach dem Krieg verdrängten die Einheitsschnellzuglokomotiven der Reihen $01^{\circ}$ und $01^{10}$ der Bahnbetriebswerke Hagen-Eckesey und Kassel die Vierkuppler. Vor Eilzügen sah man in den fünfziger und sechziger Jahren auch P 8 der Dienststellen in Bestwig und Warburg. Als nach dem Umbau der Baureihe $03^{10}$, der in den Jahren 1956 bis 1958 stattfand, alle westdeutschen Maschinen dieses Typs im Bw Hagen-Eckesey konzentriert wurden, übernahmen die ehemaligen Stromlinienloks die Hauptlast des hochwertigen Reisezugverkehrs zwischen Hagen und Warburg. Das Zugpaar E 768/E 791 Arnheim – Bad Wildungen und zurück wurde allerdings bereits Anfang der sechziger Jahre mit V 200 des Bw Hamm bespannt. Diese Loktype kam zusammen mit Hagener V 160 nach Ausmusterung der Baureihe $03^{10}$ zum Fahrplanwechsel im Herbst 1966 verstärkt zum Einsatz. In dieser Zeit endeten auch die Einsätze der Kasseler $01^{10}$. Die Nachfolge der ebenfalls zurückgedrängten P 8 übernahmen Neubaudampfloks der Reihe 23. 1971 war auch die Zeit für diese Dampflokreihe abgelaufen, Ersatz stellte das Bw Hagen-Eckesey mit seinen starken Dieselloks der Reihe 218, die noch heute die Hauptlast des Verkehrs auf der Oberen Ruhrtalbahn tragen. Daneben wurden auch 216 aus Kassel eingesetzt. Den Güterfernverkehr bestimmten mit zunehmender Reichweite der schwerer gewordenen Güterzugloks die am Ende der Strecke gelegenen Bahnbetriebswerke Hagen-Vorhalle und Kassel mit ihren Dreizylinderloks der Reihe 44. Vorher waren nach Ausmusterung der älteren preußischen Maschinen vor allem G 12 ($58^{10}$) und G 10 ($57^{10}$) vor den Zügen zu sehen gewesen. Mit dem Niedergang des Güterverkehrs in den sechziger Jahren verschwanden auch die „Jumbos“ der Reihe 44 von der Oberen Ruhrtalbahn, die schwächeren Einheitsloks der Reihe 50 reichten für die verbliebenen Nahgüterzüge aus. Nach der Dampflokära wurden hauptsächlich Diesellokomotiven der Reihen 212, 260, 290 und 218 eingesetzt, vor Übergaben auch Kleinlokomotiven. Inzwischen ist die Baureihe 212 nicht mehr im Einsatz; der gesamte Güterverkehr wird mit Hagener Loks der Reihen 218, 290 und 360 durchgeführt.

# 4. Die Volmetalbahn Hagen – Meinerzhagen

Mit der Privatisierung der Eisenbahnstrecke Lüdenscheid – Dortmund am 1. 1. 1999 geht eine lange Ära staatlichen Eisenbahnwesens im westlichen Sauerland zu Ende, die 1882 mit der Verstaatlichung der Bergisch-Märkischen Eisenbahngesellschaft begann.

Diese private Gesellschaft betrieb bis zur Übernahme durch die Preußischen Staatseisenbahnen in besagtem Jahr 1882 zahlreiche Eisenbahnstrecken im Sauerland, darunter auch die durch das Volmetal. Bis heute wird der Verkehr auf dieser Linie und ihren Zweigstrecken weiterhin vom Staat durchgeführt, wenn auch der Name des Unternehmens (Deutsche Reichsbahn-Gesellschaft, Deutsche Reichsbahn, Deutsche Bundesbahn, Deutsche Bahn AG) häufiger wechselte. Sobald die Firma Talbot ihre neuen „Talent"-Triebwagen liefern kann, ist es damit vorbei: Private Triebwagenzüge werden durchs Volmetal rollen; der Staatsbahn bleibt der spärliche Güterverkehr. Die heute auf ein Gleis zurückgebaute Strecke mit ihrem bescheidenen Personen- und Güterverkehr lässt kaum noch ahnen, dass von der Anbindung an diese Verkehrsader einmal das wirtschaftliche Wohl der heute 81.000 Einwohner zählenden Bergstadt Lüdenscheid mit ihrer außerordentlich ungünstigen Verkehrslage auf dem Höhenrücken zwischen Lenne und Volme abhing.

Zum betrieblichen System der Volmetalbahn gehörte zur Blütezeit der Eisenbahn nicht nur die eigentliche Stammlinie von Hagen über Brügge und Meinerzhagen zum ehemals bedeutenden Bahnknotenpunkt Dieringhausen im Bergischen Land, sondern noch drei weitere Linien. In Brügge und Meinerzhagen zweigen von dieser Strecke auch heute noch die Stichbahnen nach Lüdenscheid und Krummenerl ab, die beide einst in Richtung Ruhr-Sieg-Strecke weitergebaut werden sollten. Von Oberbrügge aus konnte man darüber hinaus bis 1964 auch nach Wipperfürth und Wuppertal gelangen. Diese Linie wurde bis 1995 noch auf dem Streckenstück Oberbrügge – Halver im Güterverkehr betrieben. Personenverkehr gibt es heute nur noch im Lösenbach- und unteren Volmetal zwischen Lüdenscheid/Brügge und Hagen, während die obere Volmetalbahn Brügge – Meinerzhagen und die bereits 1955 für den Personenverkehr stillgelegte Bahnlinie Meinerzhagen – Krummenerl nur noch Güterverkehr aufweisen.

## Planung und Bau der Volmetalbahn Hagen – Brügge

Eine Eisenbahn durch das Volmetal wurde erstmalig in den vierziger Jahren des vorigen Jahrhunderts im Zusammenhang mit der Planung der Ruhr-Sieg-Strecke von Hagen nach Siegen durch den Hagener Wegebaumeister Hartmann ins Gespräch gebracht. Sie war als Alternative zur später realisierten Linienführung durch das Lennetal und eines weiteren Projekts durch das Biggetal vorgeschlagen worden. Die Trasse sollte durch das Volmetal bis Meinerzhagen und von dort über Olpe, Römershagen und Ernsdorf führen. Trotz geringerer Baukosten gegenüber den beiden anderen Strecken wurden die Pläne wegen der ungünstigen Steigungs- und Krümmungsverhältnisse jedoch nicht weiterverfolgt.

Anfang der sechziger Jahre des vorigen Jahrhunderts wurde das Volmetal wieder Gegenstand eisenbahnplanerischer Aktivitäten. Auch diesmal ging es nicht primär um die verkehrliche Erschließung des Volmetals, sondern ebenfalls um eine überregionale Linie, die eine kostengünstige Verbindung der Städte Soest und Köln herstellen sollte. Nach den Vorstellungen des Obergeometers Nohl der Eisenbahndirektion in Elberfeld sollte die Linie an den Rhein von Hagen aus bis Haus Rhade bei Brügge dem Volmetal folgen, dann allerdings über die Wasserscheide das Tal der Wupper bei Wipperfürth erreichen. Wenn auch nach diesem Vorschlag das obere Volmetal ohne Bahnanschluß bleiben sollte, wurde hier doch erstmalig der spätere Streckenverlauf der Volmetalbahn in Ansätzen deutlich. Zunächst schienen diese Planungen auch von Erfolg gekrönt zu sein, denn am 26. 11. 1862 konstituierte sich die „Köln-Soester Eisenbahngesellschaft". Auch die Finanzierung durch englische Geldgeber schien gesichert, eine Kaution für die Erteilung der Konzession in Höhe von 500 000 Talern wurde hinterlegt. Danach wurde es still um die Volmetalbahn. Angeblich waren Probleme bei der Kapitalbeschaffung der Grund dafür, daß das Projekt zunächst nicht weiterverfolgt wurde. 1868 erklärte sich dann die „Bergisch-Märkische Eisenbahngesellschaft" bereit, eine Strecke von Hagen nach Brügge zu bauen, wenn ihr die inzwischen verfallene Kautionssumme von 500 000 Talern überlassen würde und die Anliegergemeinden die Grundentschädigung übernähmen. Nachdem die Generalversammlung der BME am 20. 2. 1869 den Bau und Betrieb der Strecke beschlossen hatte, gelangte die Gesellschaft am 25. 3. 1869 in den Besitz der Kaution und sechs Monate später, am 26. 9. 1869, wurde die Volmetalbahn konzessioniert. Bis zur Abnahme des ersten Streckenstücks von Hagen nach Eilpe am 3. 10. 1871 vergingen aber noch zwei Jahre. Nach weiteren zwei Jahren war die Strecke bis Dahl, 1874 bis Brügge landespolizeilich abgenommen.

Am 16. 3. 1874 erfolgte die Eröffnung des Güterverkehrs auf der zunächst eingleisigen Bahn zwischen Hagen und Brügge; ein halbes

**Ein Güterzug bei der Ausfahrt aus Schalksmühle in Richtung Hagen. Die Volmetalbahn war zum Zeitpunkt der Aufnahme noch eingleisig**

**Der alte Lüdenscheider Bahnhof (um 1896)**

Jahr später, am 1. 9. 1874, wurde auch der Personenverkehr aufgenommen. Zunächst verkehrten nur 3 gemischte Züge neben einem reinen Güterzug, später wurde ein gemischter Zug durch einen Personenzug ersetzt. Am vorläufigen Endpunkt Brügge der Volmetalbahn richtete die BME eine Lokstation mit einständigem Lokschuppen ein, der aber schon bald zu klein wurde und durch einen zweiständigen ersetzt werden mußte. Wichtigste Bahnhöfe der Anfangszeit waren Brügge und Oberhagen, deren Einnahmen die aller anderen Stationen der Strecke bei weitem übertrafen. Wie auch im Ruhrtal dominierte auch im Volmetal zunächst der Güterverkehr, der besonders für die Industriestadt Lüdenscheid immense Bedeutung hatte, musste man doch bis zur Eröffnung der Strecke Brügge – Lüdenscheid die Kohle für die zahlreichen Industriebetriebe mühsam auf die 400–450 m hoch gelegene Wasserscheide zwischen Lenne und Volme schaffen und auch der Abtransport der Industriegüter gestaltete sich vor dem Bahnbau außerordentlich schwierig.

## Die Steilstrecke nach Lüdenscheid

Dass die nun bestehende Strecke vorläufigen Charakter haben würde, war schon vor Baubeginn klar gewesen, denn es war von Anfang an geplant, Lüdenscheid als wichtigste Stadt des westlichen Sauerlandes an die Bahn im Volmetal anzuschließen. 1872 einigte man sich auf eine Streckenführung durch das Lösenbachtal. Schon bald stand auch ein Zuschuss des Handelsministeriums in Berlin zur Verfügung. Es dauerte jedoch noch 5 Jahre, bis am 28. 6. 1877 die Generalversammlung der BME Bau und Betrieb der Strecke genehmigte. Im folgenden Frühjahr (15. 4. 1878) erfolgte die Konzessionierung der Strecke, im gleichen Jahr begannen die Bauarbeiten, die 2 Jahre später zum Abschluß kamen. Mit der Eröffnung des Güter- (29. 6. 1880) und Personenverkehrs (15. 7. 1880) auf der 6,48 km langen Linie wurde eine der steilsten im Reibungsverkehr betriebenen Strecken Deutschlands in Betrieb genommen

| Bahnhof Lüdenscheid: | 1889 | 1890 | 1900 |
|---|---|---|---|
| abgefertigte Personen | 32 666 | 44 987 | 140 500* |
| Stückgutsendungen,abgehende | 6166,7 t | 6511,9 t | 9721 t |
| Stückgutsendungen,ankommende | 5069,3 t | 5404,8 t | 11950 t |
| Wagenladungen,abgehende | 4487,9 t | 5056,5 t | 9603 t |
| Wagenladungen,ankommende | 63844,2 t | 63765,6 t | 113859 t |
| Vieh, eintreffend | 2243 St. | 3198 St. | (keine Ang.) |

*(verkaufte Fahrkarten)

(Steigungsverhältnis 1:36). Mit einmaligem Umsteigen in Brügge konnten die Reisenden nun in 97 bis 105 Minuten von Lüdenscheid aus mit der Bahn nach Hagen gelangen. Der erste Fahrplan sah zwischen Lüdenscheid und Brügge täglich sechs Zugpaare vor:

Fahrplan der Strecke Brügge – Lüdenscheid, gültig vom 15. 7. 1880 an:

*Brügge ab: 4.13 7.43 9.22 12.23 4.57 11.14*
*Lüdenscheid an: 4.47 8.17 9.49 12.50 5.31 11.41*
*Lüdenscheid ab 4.57 8.54 10.07 1.10 6.45 11.51*
*Brügge an: 5.18 9.15 10.28 1.31 7.06 12.12*

Schon 2 Jahre später war klar, daß die Bahnanlagen im Endbahnhof Lüdenscheid viel zu knapp bemessen waren. Die Erweiterungsmaßnahmen erwiesen sich aber als völlig unzureichend. Auf der Station Rummenohl hatte die BME dagegen im selben Jahr ein neues Empfangsgebäude errichtet, das an die Stelle des provisorischen aus der Eröffnungszeit der

**Blick auf den alten Brügger Bahnhof. Die Lokomotive 8123 steht auf der Schiebebühne – offenbar ist ein Schaden zu beheben, da die Domverkleidung abgenommen ist**

**Der alte Oberbrügger Bahnhof. Obwohl die Strecke schon seit 1920 auf der anderen Talseite verläuft, erfolgte der Abriss des Gebäudes erst im Jahre 1979**

Bahn trat. Auch in Brügge machte sich die Zunahme des Verkehrs nach der Eröffnung der Strecke nach Lüdenscheid bemerkbar. Da viele Güterzüge bergauf geteilt werden mußten, war eine Erweiterung der Gleisanlagen im Jahre 1890 dringend geboten. Zugleich ließ die Bahngesellschaft den Lokschuppen auf 4 Stände vergrößern und die Bekohlungsanlage ebenfalls ausbauen. Bereits 7 Jahre später erfuhren die Anlagen eine erneute Erweiterung. Westlich des alten Lokschuppens entstand ein vierständiger, polygonaler Schuppen, der bereits Erweiterungsmöglichkeiten vorsah.

Wegen ihres Stichbahncharakters hat es in den ersten Jahren der Volmetalbahn ausschließlich Züge in der Relation Hagen – Brügge gegeben. Daran änderete sich auch jetzt, nach Eröffnung der Strecke nach Lüdenscheid, insofern wenig, als nur ein Teil der ab Lüdenscheid verkehrenden Züge bis Hagen durchlief. Erst im Sommerfahrplan 1884 wurde ein fünftes Zugpaar Lüdenscheid – Hagen genehmigt, zwei Jahre später waren es immerhin sieben. Alle Züge auf der Steilstrecke hielten zunächst im Bahnhof Brügge in einem Stumpfgleis, das an der Nordseite des alten Brügger Bahnhofsgebäudes endete. Hier gab es eine kleine Schiebebühne zum Umsetzen der Lokomotiven.

Personen- und Güterverkehr stiegen in diesen ersten beiden Jahrzehnten schnell an, auch weil bis 1898 die Anzahl der Zugpaare zwischen Lüdenscheid und Brügge auf 7 anstieg.

## Eisenbahnbau und Verkehrsentwicklung im oberen Volmetal

„Zur Förderung des Kohlenverkehrs nach dem Volme- und Aggertal" wurde schon Mitte der achtziger Jahre im preußischen Landtag die Weiterführung der Bahnstrecke Hagen – Brügge ins obere Volmetal nach Meinerzhagen und von dort weiter über Gummersbach nach Dieringhausen gefordert. Die nach der Genehmigung im Jahre 1888 begonnenen Vorarbeiten wurden 1892 mit der Eröffnung der Strecke zwischen Brügge und Meinerzhagen (1. 7. 1892) zum Abschluß gebracht. Zwischen Brügge und Oberbrügge war der Güterverkehr bereits am 15. 10. 1891 aufgenommen worden. Projektiert waren Haltestellen in Oberbrügge, Vollme, Tannenbaum (später Kierspe Bahnhof) und Meinerzhagen. Schon ein Jahr später kam Bollwerk hinzu, 1894 dann noch Grünenbaum; diese Station war jedoch ausschließlich für Personenverkehr vorgesehen. Die Weiterführung der Volmetalbahn ins Aggertal nach Gummersbach erfolgte am 1. 7. 1893. Mit der Streckeneröffnung im oberen Volmetal ergab sich die Möglichkeit, durchgehende Züge von Hagen aus in Richtung Meinerzhagen einzurichten. Noch 15 Jahre später wurde von dieser Möglichkeit allerdings nur bedingt Gebrauch gemacht. Während von Hagen aus lediglich sechs Züge durchfuhren, waren es in der Gegenrichtung sieben. Das untere Volmetal wies darüber hinaus noch einige Züge zwischen Hagen und Brügge auf. Den dichtesten Verkehr gab es aber zu dieser Zeit auf der Steilstrecke nach Lüdenscheid, wo an einem Tag 16 Zugpaare verkehrten und zusätzlich zwei weitere Züge in Richtung Lüdenscheid.

Die starke Zunahme des Verkehrs auf der Volmetalbahn zu Beginn unseres Jahrhunderts – schon 1904 hatte es täglich 18 Personenzüge, 1906 bis zu 40 Personen- und Güterzüge gegeben – führte zu zahlreichen Erweiterungsmaßnahmen auf den Bahnhöfen. Dadurch wurde aber das Dilemma der Eingleisigkeit der Strecke nicht beseitigt, so daß ab etwa 1904 Forderungen an die Eisenbahndirektion Elberfeld herangetragen wurden, ein zweites Gleis zwischen Hagen und Brügge verlegen zu lassen.

Außerdem plante die Direktion im selben Jahr, eine Kreuzungsstation in Lösenbach zwischen Lüdenscheid und Brügge einzurichten, um den Verkehr auf der Steilstrecke beschleunigen zu können. Der Ortsteil Lösenbach bekam darüber hinaus 1907 eine eigene Güterabfertigung, die knapp unterhalb der Kreuzungsstation lag und heute noch als Gleisanschluß einer Mineralölfirma existiert.

**1912 wurde der Hammerhauser Tunnel der Volmetalbahn aufgeschlitzt und in einen Einschnitt verwandelt. Gleichzeitig wurde das zweite Streckengleis verlegt**

**Blick auf den Bahnhof Schalksmühle mit Stellwerk. Die Aufnahme ist vor dem Ersten Weltkrieg entstanden**

1906 begannen die Bauarbeiten mit Erweiterungen des Schalksmühler Bahnhofs. Außerdem wurde der Hammerhauser Tunnel bei Schalksmühle in einen Einschnitt verwandelt.

Im Stadtgebiet Hagen war die Verlegung der gesamten Strecke vorgesehen. Sie sollte nun durch den neu anzulegenden Goldbergtunnel führen. Hierzu mußten die Gleise in Oberhagen vier bis fünf Meter angehoben und ein neuer Bahnhof gebaut werden, der am 15.3. 1914 seiner Bestimmung übergeben wurde. Der Durchbruch des 2209 Meter langen Tunnels zwischen Hagen Hbf und Oberhagen erfolgte am 24. 8. 1908. Die weiteren Arbeiten an der Strecke verzögerten sich dann, so daß der Personenverkehr durch den Goldbergtunnel erst am 1. 7. 1910 begann. Inzwischen hatte die Station Ambrock einen neuen Güterbahnhof und die Station Dahlerbrück eine Güterabfertigung erhalten. Es sollte aber noch drei Jahre dauern, bis am 1. 5. 1913 auf der gesamten unteren Volmetalbahn zwischen Hagen-Oberhagen und Brügge der zweigleisige Verkehr aufgenommen werden konnte. Der zweigleisige Ausbau bis Oberbrügge erfolgte noch später; die Betriebseröffnung erfolgte hier am 30. 11. 1926.

Im Raum Brügge hatte in den Jahren vor dem Ersten Weltkrieg der Zugverkehr durch die Eröffnung einer weiteren Nebenstrecke erneut zugenommen. Das alte Projekt einer schnelleren Verbindung an den Rhein stand offensichtlich Pate bei den Planungen für eine Nebenbahn von Oberbrügge an der Volmetalbahn über Halver nach Anschlag und von dort einerseits nach Wipperfürth, andererseits nach Radevormwald, von wo aus bereits seit 1890 eine Verbindung nach Remscheid-Lennep, bzw. Rittershausen(heute Wuppertal-Oberbarmen)bestand. Die Strecke über Wipperfürth sollte – was leider nie geschah – als Teil einer Ost-West-Verbindung an den Rhein später bis Bergisch Gladbach weitergeführt werden. Am 1. 7. 1910 gingen beide Nebenbahnen in Betrieb. Mit der Eröffnung dieser beiden Nebenstrecken erweiterte sich das Zugangebot für die Bewohner des

**Die alten Oberbrügger Bahnhofsanlagen. Heute verläuft die Strecke rechts am Hang durch das Wäldchen**

Volmetals. Mögliche Fahrtziele waren jetzt nicht nur Wipperfürth, Wuppertal und Lennep (heute Remscheid-Lennep), die Reisenden konnten im Jahre 1910 auch Düsseldorf umsteigefrei über Lennep mit einem Eilzug erreichen. Drei Jahre später erfuhren auch einige Züge auf der Strecke Lüdenscheid – Hagen eine Aufwertung: Vom 1. 8. 1913 an verkehrten zwei Eilzüge zwischen der Industriestadt auf den Bergen und der Volmestadt Hagen. Diese Zugverbindungen standen in den Jahren danach immer wieder zur Disposition und wurden in manchen Fahrplanperioden gestrichen. Trotzdem wandelte die Direktion in Elberfeld 1922 auch noch zwei Zugpaare zwischen Lüdenscheid und Dieringhausen in Eilzüge um, so daß auch im oberen Volmetal der Personenverkehr beschleunigt werden konnte.

**Während der Umgestaltung des Brügger Bahnhofsgeländes entstand durch Verlegung des Flusses Volme eine große Fläche zur Aufnahme des Güterbahnhofs. Im Hintergrund die Anlagen des Bahnbetriebswerks**

In den Jahren nach 1910 war die Bahn zur Umgestaltung des gesamten Bahnhofsgeländes in Brügge gezwungen. Zu diesen Maßnahmen zählte auch der Abriss der alten Betriebswerkstätte und ihre Neuerrichtung weiter östlich des alten Platzes. Die neue Anlage an der Einmündung des Elspetals in das Volmetal konnte 1915 eingeweiht werden, während das neue Bahnhofsgebäude – bedingt durch den 1. Weltkrieg und die wirtschaftlich schwierigen ersten Jahre der Weimarer Republik – erst am 15. 10. 1927 seiner Bestimmung übergeben werden konnte. Hierbei wurde auch das alte Stumpfgleis aus Richtung Lüdenscheid entfernt, so daß die Züge nun ohne umständliche Rangiermanöver ins obere und untere Volmetal weiterfahren konnten. Der Schiefer des alten Bahnhofsgebäudes diente übrigens zur Verkleidung eines neuen Reiterstellwerks, das die Gleise 4 und 5 überspannt und noch heute als Fahrdienstleiterstellwerk in Betrieb ist.

Im Zusammenhang mit der Streckeneröffnung Richtung Wipperfürth/Wuppertal musste auch der alte Bahnhof Oberbrügge einem Neubau auf der anderen Volmeseite weichen. Damit verbunden war eine Anhebung des Gleisniveaus um mehrere Meter und der schon erwähnte zweigleisige Ausbau der Strecke zwischen Brügge und Oberbrügge. Das alte Bahnhofsgebäude ist trotz des Neubaus allerdings erst 1979 abgerissen worden. Seine Gleisanlagen dienten dem Ort Oberbrügge noch lange Jahre nach der Streckenverlegung als Güterbahnhof.

Bereits frühzeitig war klar, dass der Anschluss Lüdenscheids an das Streckennetz unbefriedigend war. Im Jahre 1904 wurde in der Lokalpresse deshalb die Forderung nach einer Querverbindung vom Volme- zum Lennetal über Lüdenscheid erhoben. Im Verlauf der nächsten Jahre diskutierte man zahlreiche Projekte engagiert und emotional, manche gelangten auch ins Stadium der Planung, zur Ausführung kam letztlich aber keins der Vorhaben. Eine genauere Darstellung der verschiedenen Pläne findet sich im Kapitel über Eisenbahnprojekte in diesem Buch.

**Der Bahnhof Rummenohl im Volmetal aus der Vogelperspektive**

**Im Winter 1938/39 überquert eine Lokomotive der Reihe 93 mit einem Personenzug das Viadukt bei Meinerzhagen**

**Der Scherler Bahnhof an der Strecke Meinerzhagen – Krummenerl. Die Familie des Bahnhofvorstehers hat sich für das Foto in Position gestellt**

**Kleinbahnlok der Firma Spielmann, die den Streckenbau Meinerzhagen – Krummenerl durchführte**

Ein anderes Vorhaben konnte dagegen wenigstens teilweise verwirklicht werden: Vom Bahnhof Meinerzhagen aus plante und baute die Eisenbahndirektion Elberfeld eine Nebenstrecke durch das Listertal nach Krummenerl als erstes Teilstück einer Durchgangsbahn nach Kreuztal. Zu einer Verlängerung der Strecke über Krummenerl hinaus hat man sich aber nie entschließen können. Die von Anfang an unrentable Nebenbahn verlor ihren Personenverkehr bereits im Jahre 1955 wieder, wird allerdings bis heute durch starken Schotterverkehr und den Gleisanschluss einer bekannten Spedition in Scherl bei Meinerzhagen am Leben erhalten.
In der Zeit kurz vor dem Ersten Weltkrieg konnten die Anliegergemeinden der Volmetalbahn auch mit den Fahrplänen nicht zufrieden sein, obwohl es die erwähnten Eilzugverbindungen Lüdenscheid – Hagen und Lüdenscheid – Düsseldorf über Halver,Radevormwald und Lennep gab. Der Sommerfahrplan 1913 sah z.B. Aufenthaltsverlängerungen in Brügge, Vermehrung der Haltepunkte bei den beschleunigten Personenzügen zwischen Hagen und Dieringhausen und Fahrzeitverlängerungen bei einigen Verbindungen vor.
Gegen Ende des Ersten Weltkriegs verschlechterten sich die Verhältnisse weiter, so dass ab 1. 11. 1917 nur noch 4 Personenzüge von Lüdenscheid aus nach Brügge und drei in umgekehrter Richtung verkehrten. Auch in den Jahren der Weimarer Republik war keine grundlegende Besserung in Sicht. Hatte es in Lüdenscheid 1913 noch 16 Zugpaare gegeben, fuhren 1926 noch 10, kurze Zeit darauf dann sogar nur noch 8, und das bei deutlich gestiegenem Fahrgastaufkommen (1913: 312000 verkaufte Fahrkarten/1926 bis 1. 9.(!): 353000). Kaum verwunderlich sind angesichts dieser miserablen Anbindung der Stadt Lüdenscheid an das deutsche Eisenbahnnetz erste Bestrebungen in dieser Zeit, die Verkehrsströme auf die Straße zu verlagern. 1927 wurde von der örtlichen Presse eine „Schnellkraftverkehrslinie" nach Hagen gefordert. Diese ist dann 23 Jahre später als Bahnbuslinie Lüdenscheid – Hagen – Dortmund realisiert worden.

Um wenigstens die Fahrzeit auf der Steilstrecke von Brügge nach Lüdenscheid zu verringern, unternahm die DRG vom 4. 9. 1928 an Versuchsfahrten mit der Baureihe 96.0 (Bay. Gt 2 x 4/4). Drei dieser achtachsigen Malletmaschinen wurden dann ab Oktober 1929 tatsächlich im Bahnbetriebswerk Brügge stationiert und verringerten die Fahrzeit auf der 6,5 km langen Strecke von 19 auf 12 Minuten (Bergfahrt). Wegen des zu schwachen Oberbaus mußte dieser „Schnellverkehr" allerdings in den dreißiger Jahren wieder eingestellt werden. Trotzdem war man seitens der Reichsbahn auch in dieser Zeit gewillt, den Eisenbahnverkehr auf der Volmetalbahn attraktiver zu gestalten. Dazu gehörten die Pläne, ein völlig neues Bahnhofsgebäude in Lüdenscheid zu errichten. Die Ende der dreißiger Jahre bereits vorliegenden Zeichnungen sind heute nur noch von historischem Interesse, denn der II.Weltkrieg vereitelte das ehrgeizige Bauvorhaben. Ebenfalls in den dreißiger Jahren erfuhren die Gleisanlagen im Lüdenscheider Bahnhof im Zuge der Aufrüstung Hitler-Deutschlands eine tiefgreifende Umgestaltung: An der Ostseite des Bahnhofs wurden gewaltige Erdmassen angeschüttet, um eine Reihe von Stumpfgleisen anlegen zu können, die der Abfertigung von Truppentransporten dienten, nachdem Lüdenscheid 1936 Garnisonstadt mit schließlich drei Kasernen geworden war. Diese Verladeeinrichtungen wurden dann von 1941 bis 1945 weiter ausgebaut.
Auch nach dem Kriege nutzte das Militär, diesmal allerdings das belgische, die Gleise der Volmetalbahn. Besonders bemerkenswert ist ein Zugpaar für belgische Militärangehörige, das zumindest im Jahr 1952 zwar nicht täglich, aber doch regelmäßig ab Lüdenscheid verkehrte. Es handelte sich um die Züge Db 80754 (5.39 h ab Lüdenscheid) und Db 80753 (an Lüdenscheid 19.40 h). Die umfangreichen Gleisanlagen in Brügge wurden von den Belgiern bis zu ihrem Abzug Anfang der neunziger Jahre genutzt, um ihre in der Kaserne Baukloh stationierten Panzereinheiten zu verladen.

In diesen frühen Jahren des „Wirtschaftswunders" war man auf der Volmetalbahn zu ersten Rationalisierungsmaßnahmen gezwungen. Nachdem am 1. 3. 1954 die Güterabfertigung Lösenbach als selbständige Dienststelle aufgelöst worden war, folgten im Jahre 1955 die Auflösung des Bahnbetriebswerks Brügge und des Betriebsamtes Brügge. Das Bw blieb noch bis 31. 5. 1959 Außenstelle des Bw Hagen-Eckesey, das Kohlenlager hatte die DB allerdings bereits am 22. 5. 1955 aufgelassen. Im selben Jahr wurde als erste Seitenlinie der Volmetalbahn die Strecke Meinerzhagen – Krummenerl für den Personenverkehr stillgelegt, zeitgleich tauchten die ersten Schienenbusse im Volmetal auf.

Im Jahre 1957 gab es eine aufsehenerregende Neuerung im Fahrbetrieb der unteren Volmetalbahn: Vom Sommerfahrplan an gab es eine Direktverbindung Lüdenscheid – Amsterdam (!) als Eilzug, die aber bereits ein Jahr später wieder aus dem Fahrplan gestrichen wurde. Überhaupt waren die späten fünfziger Jahre durch eine außergewöhnliche Vielfalt der Reiseziele gekennzeichnet. Obwohl die Anzahl der Züge im Jahre 1958 mit der in den heutigen Fahrplänen vergleichbar ist, war die Zahl der umsteigefrei erreichbaren Ziele wesentlich höher. So konnte man von Lüdenscheid aus die Städte Hagen, Essen, Münster, Köln und Dortmund direkt anfahren, wenn es sich auch bis auf die Verbindung nach Hagen nur um jeweils ein Zugpaar handelte. Hinzu kamen durchgehende Züge zwischen Hagen und Dieringhausen und von Brügge nach Dieringhausen. Er-

**Brügge, Sommer 1962, nachmittags gegen 17.15 h: Auf Gleis 1 (ganz rechts) steht der P 1230 von Hagen nach Dieringhausen, Abfahrt 17.18 h. Am selben Bahnsteig wartet auf Gleis 2 der P 3072 von Brügge nach Lüdenscheid (Abfahrt: 17.23 h/Zuglok: BR 50). Auf Gleis 3 verlässt soeben der P 1239 von Dieringhausen nach Hagen den Brügger Bahnhof (planmäßige Abfahrt: 17.17 h). In Gleis 4 wartet P 1090 Lüdenscheid – Wuppertal-Vohwinkel (VT 98) auf seine Abfahrt um 17.24 h. Da das Gepäckabteil des Schienenbusses für die anfallende Fracht zu klein war, musste ein Güterzugpackwagen mitgeführt werden, den die Lok der BR 50 herangebracht hat.**

**Auf Gleis 5 wartet die Übergabe nach Lüdenscheid. Gleis 6 musste für nötige Lokwechsel freigehalten werden und auf Gleis 7 (ganz links) wartet der Nahgüterzug Brügge – Hagen-Hengstey auf seine Abfahrt**

gänzt wurde das Angebot auf der Volmetalbahn durch ein Eilzugpaar zwischen Hagen und Köln und einen sonntäglichen Zug von Oberhausen über Hagen, Brügge, Dieringhausen nach Waldbröl. Teilweise die Volmetalbahn berührten das Schienenbuspaar Lüdenscheid – Wipperfürth (über Halver und Anschlag) und vier weitere Züge, die von Lüdenscheid oder Brügge aus über Halver und Radevormwald den Weg in Richtung Wuppertal einschlugen.

An diesem Angebot änderte sich bis 1965 nur wenig, wenn auch das Alibizugpaar Lüdenscheid – Wipperfürth mit Stilllegung der Strecke von Anschlag aus im Jahre 1960 wegfiel. Auch die Verbindung nach Wuppertal endete im Sommer 1964, als die Nebenbahn Brügge – Wuppertal – Oberbarmen zwischen Oberbrügge und Radevormwald ihren Personenverkehr verlor.

Ab Winterfahrplan 1965 änderte sich dann einiges im Volmetal. Mit Einführung der Wendezüge Lüdenscheid – Hagen, die praktisch die Verdieselung der Volmetalbahn bedeutete, fiel die Vielfalt der Fahrtziele weitgehend fort. Die außerdem zwischen Lüdenscheid und Brügge durchgeführten Schienenbuspendel dienten dem Anschluss an die Eilzüge Hagen – Köln. Zwei Jahre später verlängerte man den Fahrweg der Wendezüge über Hagen hinaus nach Dortmund, wobei im Gegensatz zu früher nicht der Weg über Witten, sondern über Herdecke gewählt wurde.

14 Jahre lang bestimmten die drei erwähnten Zugverbindungen weitgehend den Verkehr im Volmetal. Im Jahre 1979 fielen dann die durchgehenden Eilzüge zwischen Hagen und Köln fort und damit auch die Schienenbusanschlüsse von Lüdenscheid. Zwei Jahre lang verkehrten dafür Nahverkehrszüge von Hagen aus bis Dieringhausen. 1981 wurde dann wieder Köln Ziel der Reise im oberen Volmetal. Die Züge begannen nun allerdings erst in Brügge, so dass im unteren Volmetal nun nur noch die Wendezüge Lüdenscheid – Dortmund zu beobachten waren. Einige der im 2-Stunden-Takt verkehrenden Nahverkehrszüge Brügge – Köln führten sogar bis Kall oder Jünkerath in der Eifel! Da die Auslastung dieser Züge, auch bedingt durch parallelen Busverkehr, schlecht war, ließ man sie ab Sommer 1984 in Dieringhausen enden und vergrößerte den Abstand zwischen zwei Zügen auf drei Stunden. Damit zeichnete sich das Ende des Personenverkehrs im oberen Volmetal bereits ab. Mit Ablauf des Winterfahrplans 1985/86 wurden alle Nahverkehrszüge oberhalb von Brüge gestrichen.

Schema der Zugverbindungen auf der Volmetalbahn in den letzten 25 Jahren:

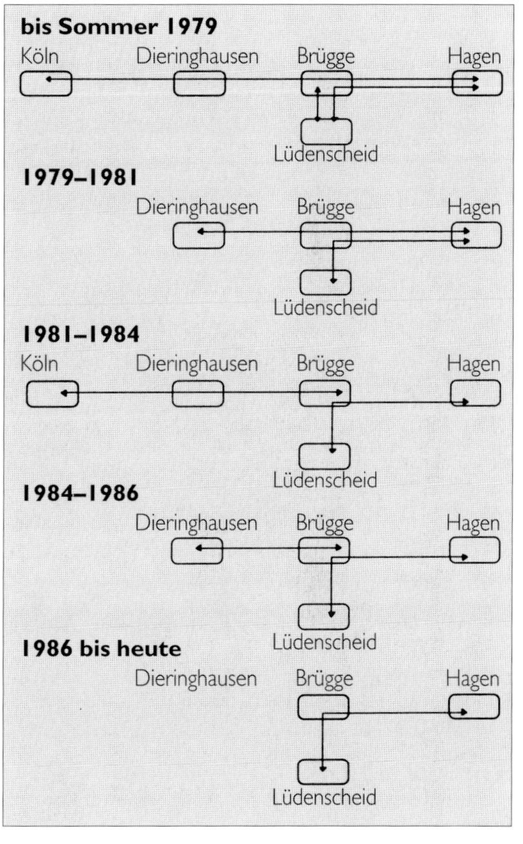


Seitdem verkehren auf der heutigen Kursbuchstrecke ausschließlich Nahverkehrszüge (heute: Regionalbahnzüge) zwischen Lüdenscheid und Dortmund im Stundentakt zwischen 5 Uhr morgens und 22 Uhr, die seit Anfang der neunziger Jahre nicht mehr an den alten Bahnsteigen des 1990 geschlossenen Bahnhofs Brügge halten. Um das Umsteigen in

die Busse der Märkischen Verkehrsgesellschaft zu erleichtern, hat die DB am Gleis 7 direkt an der Straße einen neuen Bahnsteig errichten lassen. Die alten Gleisanlagen an den beiden Bahnsteigen sind inzwischen fast restlos entfernt worden. Als Ausfahrgleise stehen heute nur noch die Gleise 4 bis 7 zur Verfügung.
Noch dramatischer verlief die Entwicklung im Güterverkehr. War er in der Anfangszeit der Bahn die entscheidende Voraussetzung für die Konkurrenzfähigkeit der auf den Höhen des Sauerlandes lagemäßig arg benachteiligten Lüdenscheider Industrie, ist er heute fast zum Erliegen gekommen. Der gesamte Stückgutverkehr wird auf der Straße abgewickelt, außer Lüdenscheid besitzt kein Bahnhof mehr eine eigene Stückgutabfertigung. Von Brügge aus wird noch Holz, Schrott und Altöl abtransportiert, gelegentlich kommen Altfahrzeuge hinzu. Die Übergaben nach Lüdenscheid wurden zum Jahresende 1995 eingestellt, so dass ab 1. 1. 1996 der gesamte Güterverkehr nach Lüdenscheid endete. Konsequenterweise ließ die DB daraufhin im Folgejahr alle Weichenverbindungen im Bahnhof Lüdenscheid herausreißen. Bahntechnisch gilt der Lüdenscheider Zentralbahnhof deshalb heute als „Haltepunkt“. Ebenfalls aufgegeben wurde 1995 der Güterverkehr zwischen Brügge und Halver. Wie stark der Rückgang im Güterverkehr in den letzten beiden Jahrzehnten war, kann man daran erkennen, dass noch 1971 drei Loks der Reihe 260 täglich im Raum Brügge eingesetzt waren, um die Rangieraufgaben zu bewältigen und die Züge nach Schalksmühle, Rummenohl, Lösenbach, Lüdenscheid, Halver und Kierspe zu fahren. In dieser Zeit gab es Güterzüge von Hagen aus nach Brügge, Lüdenscheid, Meinerzhagen und Dieringhausen sowie von Brügge aus nach Dieringhausen und Schalksmühle. In den sechziger Jahren fuhren allein zwischen Lüdenscheid und Brügge vier Güterzüge täglich! Mit der veränderten weltpolitischen Lage nach 1989 und dem dadurch bedingten Abzug der belgischen Garnison entfielen darüber hinaus auch die gelegentlichen Militärtransporte. 1992 hat die Bahn wegen des reduzierten Güterverkehrs in Brügge das Stellwerk Bo abreißen lassen. Die verbliebenen Rangieraufgaben werden vom Fahrdienstleiterstellwerk aus erledigt.
Zur Zeit (1998) wird das untere Volmetal (Hagen – Brügge) von folgenden planmäßigen Güterzügen befahren:

| | | | |
|---|---|---|---|
| *Hagen* | *4.21* | *Brügge* | *5.04* |
| *Hagen* | *8.30* | *Rummenohl* | *9.05* |
| *Rummenohl* | *9.40* | *Oberhagen* | *9.58* |
| *Oberhagen* | *10.48* | *Hagen* | *10.55* |
| *Hagen* | *11.30* | *Brügge* | *12.05* |
| *Brügge* | *18.50* | *Hagen* | *19.22* |

Hinzu kommt noch eine drei bis viermal wöchentlich verkehrende Übergabe zum ehemaligen Bahnhof Lösenbach, wo der Gleisanschluss einer Chemikalienhandlung bedient wird.
Im oberen Volmetal gibt es noch drei bedeutende Kunden für den Güterverkehr. Von den Steinbrüchen bei Krummenerl aus werden täglich bedeutende Mengen Schotter abtransportiert. Zur Zeit (1998) fahren neben den planmäßigen Güterzügen täglich ein bis zwei Sonderzüge im Schotterverkehr. Daneben nutzen die Speditionen Dahlmann und Wertmann & Köster in Scherl bei Meinerzhagen einen Gleisanschluss, um unter anderem Bleche für die Automobilindustrie zu verladen.
Planmäßige Güterzüge im oberen Volmetal (Krummenerl – Meinerzhagen – Brügge):

| | | | |
|---|---|---|---|
| *Brügge* | *6.00* | *Krummenerl* | *7.10* |
| *Krummenerl* | *7.40* | *Brügge* | *8.38* |
| *Brügge* | *11.30* | *Krummenerl* | *12.29* |
| *Krummenerl* | *13.05* | *Brügge* | *14.09* |
| *Brügge* | *14.35* | *Krummenerl* | *15.34* |
| *Krummenerl* | *15.52* | *Brügge* | *17.08* |

Die Zukunft der Strecke ist ungewiss. Schon vor 20 Jahren war die Stilllegung ernsthaft in Erwägung gezogen worden, volle Straßen und ein verändertes Umweltbewußtsein bieten aber vielleicht auch der Volmetalbahn die Chance, bis weit über das Jahr 2000 hinaus ihre Existenz zu bewahren. Dazu ist es allerdings nötig, den Verkehr attraktiver zu gestalten. In erster Linie war bisher die Tarifstruktur ein großes Ärgernis für die nicht gerade zahlreiche Kundschaft. Die Stadt Lüdenscheid

**Güterzüge von Lüdenscheid aus gibt es nicht mehr. Gegen Ende des Güterverkehrs auf der Strecke Lüdenscheid – Brügge hat der abendliche Nahgüterzug noch eine beachtliche Länge (Lüdenscheid, 23. Mai 1989)**

gehört seit längerer Zeit dem Verkehrsverbund Ruhr-Lippe an, während die Volmetalbahn ab Rummenohl Teil des Verkehrsverbundes Rhein-Ruhr ist. Die Konsequenz war lange Zeit, dass viele Lüdenscheider mit dem Auto nach Rummenohl fuhren, um von dort aus mit dem günstigen VRR-Tarif nach Hagen und Dortmund zu gelangen. Eine verhängnisvolle Entwicklung für den Rest der Strecke! Inzwischen gibt es einen attraktiven Übergangstarif, dessen Beibehaltung bis zur Einführung des geplanten „Regionaltarifs NW" (vgl. unten Kap. 13) aber noch nicht gesichert ist. Die im Zusammenhang mit dem neuen Übergangstarif gestiegenen Fahrgastzahlen sollten eigentlich Grund genug sein, die preisliche Attraktivität der Strecke nicht aufs Spiel zu setzen! Aber auch die Fahrzeiten sind wenig attraktiv: 1969 benötigte ein Zug auf der Strecke Lüdenscheid – Hagen 39 Minuten, 1998 sind es 43 Minuten! Hier besteht ebenfalls großer Handlungsbedarf. Die „künstlerisch" gestalteten Graffiti-Silberlinge, deren Benutzung zum Schluß auch aus Gründen der Hygiene eine Zumutung war, gehören – wie schon oben dargelegt – dagegen schon heute der Vergangenheit an, denn seit Oktober 1994 verkehren die neuen Verbrennungstriebwagen der Reihe 628.4, die

Die 57 3334, eine preußische G 10, im Bw Brügge. Das Gelände wird heute gewerblich genutzt, die Grundmauern des Lokschuppens sind aber noch erhalten

Lokomotiven der Bw Hagen-Eckesey und Hagen Gbf wurden bis in die letzten Tage des Dampfbetriebes auf der Volmetalbahn eingesetzt. Hier verlassen die 50 3081 und 57 2574 Hagen Gbf

aber leider inzwischen auch fast alle künstlerisch „aufgewertet" wurden. Vom Sommer 1998 an sollte der Personenverkehr von der „Dortmund-Märkischen-Eisenbahn GMBH" DME übernommen werden, zu der sich die „Märkische Verkehrsgesellschaft" und die „Dortmunder Stadtwerke" zusammengeschlossen haben. Da die Firma Talbot sich aber außerstande sah, rechtzeitig die nötige Anzahl von Triebwagen des Typs „Talent" zu liefern und die DB keine Triebwagen an die neue Gesellschaft vermieten möchte, werden bis Mai 1999 weiterhin die Triebwagen der Deutschen Bahn AG durchs Volmetal rollen. Mit dem späteren Einsatz der modernen Triebwagen wird die Attraktivität des Personenverkehrs im unteren Volmetal sicherlich zunehmen. Anfang 1998 gab die DME sogar bekannt, eine Elektrifizierung und der Einsatz Dortmunder Stadtbahntriebwagen seien in Zukunft nicht ausgeschlossen.
Im oberen Volmetal dagegen erscheint eine Renaissance der Bahn zumindest fraglich, auch wenn der heimische Landtagsabgeordnete 1990 die Wiedereröffnung des Personenverkehrs zwischen Meinerzhagen und Brügge forderte und die DME in Erwägung zieht, bei einem Stadtbahnverkehr im unteren Volmetal möglicherweise auch Meinerzhagen und das obere Volmetal wieder zu bedienen. Ob dann die Fahrgastzahlen ausreichen, einen rentablen Verkehr oberhalb von Brügge abzuwickeln, ist völlig offen.
Trotz aller Skepsis des Autors soll aber auch nicht veschwiegen werden, dass seit 1997 ein Gutachten „Entwicklung eines Bedienungskonzepts für den Regionalexpress Köln – Gummersbach – Brügge – Hagen (– Dortmund)" in Arbeit ist, dessen Ergebnis noch aussteht.
Die Bahnanlagen werden in Zukunft ihr Gesicht verändern. Große Flächen der Bahnhöfe Brügge und Lüdenscheid sollen verkauft, überflüssige Gleise sind bereits oder sollen noch herausgerissen werden. Die frühere Bedeutung der Eisenbahn für das Volmetal und seine Seitentäler wird man dann nicht einmal mehr erahnen können.

## Triebfahrzeuge auf der Volmetalbahn

Die auf der Volmetalbahn eingesetzten Triebfahrzeuge stammten hauptsächlich aus den Hagener Bahnbetriebswerken Eckesey und Güterbahnhof, aus Dieringhausen, Köln-Nippes und natürlich bis 1955 aus dem Bw Brügge. Für den Fahrbetrieb auf der Strecke von Oberbrügge Richtung Wuppertal waren danaben noch die Betriebswerke Lennep, Wuppertal-Langerfeld und Wuppertal-Steinbeck zuständig.
Um die Jahrhundertwende wurde der Fahrbetrieb beherrscht durch Lokomotiven der preußischen Reihen P 3, T 7, T $9^1$ und T 9 (Bauart Elberfeld) Diese von der bayerischen D VIII abgeleiteten Maschinen waren von der Direktion Elberfeld für den Betrieb auf den steigungsreichen Strecken im Sauerland und Bergischen Land beschafft worden. Die Reihe T $9^1$ verschwand bis 1907 aus Brügge; in diesem Jahr wies die Statistik dafür eine P 2 (im selben Jahr ausgemustert) und mehrere T $9^3$ auf, die auch in Dieringhausen neben Tenderloks der Reihe T 3 beheimatet waren.
In den Jahren nach 1910 kamen die Loks der Bahnbetriebswerke Lennep,Langerfeld und – ab 1918 – Steinbeck hinzu. Es handelte sich dabei um Maschinen des Typs T 9 und der späteren Reichsbahnbaureihen $93^5$, $38^{10}$, $74^5$ und $78^0$. Das Bw Steinbeck setzte in Richtung Brügge vor dem 2. Weltkrieg nur die Baureihen $38^{10}$, 86 (ab 1934) und $74^5$ ein.
In Brügge wurden die alten Dreifachkuppler nach und nach durch leistungsstärkere Maschinen der Reihen $93^5$, $94^5$ und $57^{10}$ ersetzt. Eine Besonderheit stellt im westfälischen Brügge der Einsatz der achtachsigen Malletlokomotiven der Reihe $96^0$ dar, von denen drei ab 1929 bis zum Jahr 1936 in Brügge beheimatet waren. Sie sollten den Zugverkehr auf der starken Steigung nach Lüdenscheid als Schubloks beschleunigen.
Neben den bisher genannten Lokomotiven wurden außerdem noch ab 1922 Schleppten-

Kurz bevor die Baureihe 232 von der Strecke Meinerzhagen – Krummenerl abgezogen wurde, rollt die 232 326 mit einem Schotterzug talwärts in Richtung Brügge (Bollwerk, 2. April 1997)

Am 11. Juli 1992 ist die DB-Lok 41 241 im oberen Volmetal bei Bollwerk mit einem Sonderzug des BFS (Bürgerverein zur Förderung des Schienenverkehrs) in Richtung Meinerzhagen unterwegs

**Von September 1965 bis zum 28. Oktober 1994 verkehrten von Lüdenscheid aus in Richtung Hagen/Dortmund Wendezüge mit Loks der Reihe 212 vom Bw Hagen-Eckesey (Brügge, 21. Februar 1991)**

**Die Einsätze der Baureihe 232 sind seit 1997 vorbei, weil die Hangbrücke in Meinerzhagen (Scherl) von den schweren Maschinen nicht mehr befahren werden darf (Brügge, 22. November 1994)**

derloks der Reihe $56^2$ von Dieringhausen aus auf der Volmetalbahn eingesetzt. Dieser Loktyp war im Jahr 1944 auch für 2 Monate im Bw Brügge beheimatet.
In den vierziger Jahren kamen zu den genannten Typen die Reihen BR 50, BR $55^0$, BR $55^{16}$, BR $55^{23}$ (alle Bw Brügge) hinzu, außerdem werden von Dieringhausen aus die Reihen 86 und $57^{10}$ eingesetzt.
In den letzten fünfzehn Jahren, in denen die Dampftraktion dominierte, verringerte sich mit der Auflösung des Bw Brügge und der Stilllegung der Strecken nach Krummenerl (1955), Wipperfürth (1960) und Radevormwald (1964) auch die Vielfalt an Dampfloktypen. Zuständig für den Fahrbetrieb waren nun die Bw Hagen-Eckesey, Hagen-Gbf und Dieringhausen, die Lokomotiven der Reihen $38^{10}$, $78^0$, 50, $57^{10}$ und 86 einsetzten.
Das Ende der Dampflokära begann mit der Stationierung von Schienenbussen der Reihe VT 95 in Dieringhausen (ab 1956) und Steinbeck. Das Wuppertaler Bw setzte in den fünfziger Jahren außerdem Wendezüge auf der Strecke Wuppertal – Lüdenscheid ein, die mit einer Diesellok der Reihe V 36 bespannt waren. Diese Einsätze endeten aber Anfang der sechziger Jahre. In dieser Zeit tauchten auch die ersten stärkeren Schienenbusse der Reihe VT 98 im Volmetal auf. Diesellokgeführte Züge wurden planmäßig erstmals ab Mai 1962 von Dieringhausen aus eingesetzt. Die Loks der Reihe V 100 ersetzten nach und nach Dampfloks der Reihe $38^{10}$. Drei Jahre später, vom Sommer 1965 an, setzte das Bw Hagen-Eckesey die stärkere Version der Reihe V $100^{20}$ planmäßig auf der Volmetalbahn ein. Mit Ende des Sommerfahrplans 1965 war deshalb auch der Einsatz der Dampflokreihe $78^0$ beendet, so daß für die wenigen dampfgeführten Züge nur noch Loks der Reihe 50 zur Verfügung standen. Durch Bilddokumente belegt sind allerdings auch noch Einsätze Bestwiger 23er bis in das Jahr 1967 hinein.
Die bemerkenswerte Vielfalt verschiedener Dampflokgattungen im Volmetal wird komplettiert durch Baureihen, die nur kurz oder nicht planmäßig im Volmetal zu sehen waren.

**Die 38 3383 hat den Personenzug von Hagen nach Lüdenscheid bis Brügge mit dem Tender voraus befördert. Nun setzt die Maschine um und wird in Kürze in Richtung Lüdenscheid ausfahren (Frühjahr 1962)**

Um das Jahr 1943 besaß das Bw Brügge beispielsweise zwei französische Leihloks der Reihe 140 G. In den frühen sechziger Jahren war außerdem vor dem planmäßigen Eilzug Lüdenscheid – Dortmund die Schnellzuglok 01 011 (ehemalige 02 001) zu sehen. Auch Loks der Baureihe 41 sind vor diesen Zügen beobachtet worden.

Inzwischen hatten in Hagen-Eckesey kurz vor der Ausmusterung der $03^{10}$ im Jahre 1966 vierachsige Dieselloks der Reihe V 160 (216) Einzug gehalten, die auch auf der Volmetalbahn gelegentlich Dienst taten. Die Hauptlast des Verkehrs ruhte allerdings auf den Reihen V 100 (211), V $100^{20}$ (212), VT 98 (798) und VT 95 (795), im Rangier- und Güterverkehr war zusätzlich von den frühen sechziger Jahren an für 25 Jahre die Stangendieselloks der Reihe V60 (260) beschäftigt. Ihr Planeinsatz im Volmetal endete am 25. 9. 1987.

In den siebziger Jahren kamen 215er des Bw Köln-Nippes hinzu, die durchlaufende Züge zwischen Köln und Hagen beförderten, ab 1981 dann auch zwischen Brügge und Köln pendelten; hier sah man hin und wieder aber auch Kölner 211 oder Trierer 215. In Hagen war inzwischen die 216 durch die stärkere 218 ersetzt worden, die bis in die achtziger Jahre hinein u.a. Schotterzüge von Krummenerl aus in Richtung Hagen beförderte. Als City-Bahn-Lok wurde sie zudem von 1984 bis 1986 von Meinerzhagen aus über Dieringhausen nach Köln eingesetzt. In den Jahren ab 1984 wurden diese Maschinen im Schotterzugverkehr allerdings vorübergehend abgelöst. Zunächst setzte die DB Hagener Loks der Reihe 212 in Doppeltraktion ein, danach ebenfalls in Hagen beheimatete 290er, die nach der Wende Unterstützung erhielten durch die sechsachsigen Großdieselloks der Reihe 232. Seit dem 12.Juni 1997 ist es allerdings mit Einsätzen der Oberhausener 232 vorbei, denn die Strecke zwischen Meinerzhagen und Krummenerl wurde wegen Schäden an der Hangbrücke bei Scherl in die Streckenklasse C 2 eingestuft, so dass die relativ schwere „Ludmilla" nicht mehr eingesetzt werden darf. Stattdessen fahren Hagener Loks der Reihe 294. Wenn das Zuggewicht zu groß ist,

**Ausfahrt der Regionalbahn Lüdenscheid – Dortmund aus Brügge. Rechts verläuft das Streckengleis in Richtung Lüdenscheid, links unter den Büschen befand sich das zweite Gleis der Volmetalbahn (15. Mai 1998)**

wird zusätzlich eine Oberhausener 216 eingesetzt. Neuerdings kann man auch wieder Hagener 218 vor diesen Zügen beobachten.
Der Schienenbus verschwand im Volmetal zum Sommerfahrplan 1979. Als die durchgehenden Eilzüge Hagen – Köln aufgegeben wurden, waren die Pendelfahrten zwischen Lüdenscheid und Brügge überflüssig geworden. Auch die Reihe 211 ist inzwischen von der Strecke verschwunden. Mit dem Ende des Dieringhausener Bahnbetriebswerks 1982 waren sie entbehrlich geworden, denn Kölner Loks hatten ja längst die Züge durch das obere Volmetal übernommen.
Bis zum 28. Oktober 1994 waren Hagener Maschinen der Reihe 212 die einzigen im Personenverkehr eingesetzten Lokomotiven, sieht man einmal von gelegentlichen Aushilfsleistungen Oberhausener 216er ab. An diesem Freitag wurde letztmalig eine Lokomotive planmäßig vor einem Reisezug im Volmetal eingesetzt. Seit dem 29. 10. 1994 werden alle Reisezugleistungen durch moderne Nahverkehrstriebwagen der Reihe 628.4 des Betriebshofs Essen erbracht, die vom Mai 1998 an eigentlich von Triebwagen des Typs „Talent" abgelöst werden sollten. Wegen der bereits oben angedeuteten Lieferprobleme bei Talbot bleibt es zunächst bei den Triebwageneinsätzen der DB. Erst vom Mai 1999 an sollen dann vier dreiteilige Triebwagen des Typs „Talent" alle Personenzugleistungen erbringen.

**Nur noch vier Bahnhofsgleise (Gleis 4 bis 7) besitzt der ehemalige Nebenbahnknoten Brügge. Das letzte vorhandene Bahnsteiggleis wird heute zum Rangieren benötigt, die Regionalbahnen nach Lüdenscheid und Dortmund halten am neu errichteten Bahnsteig links (10. Juli 1995)**

Schotterzüge von Krummenerl aus und Triebwagen von Lüdenscheid nach Dortmund sind die traurigen Reste des einst umfangreichen Schienenverkehrs im Volmetal (Brügge, 27. März 1993)

Sonderfahrt eines VT 98 auf dem vollständig stillgelegten Streckenstück zwischen Meinerzhagen und Gummersbach. Hinter der untertunnelten Anhöhe befindet sich der Bahnhof Meinerzhagen (8. Mai 1993)

**Die Regionalbahnzüge auf der Hönnetalbahn verkehren seit 1998 auch wieder am Wochenende. Schon länger gibt es die Triebwagen der Reihe 628 auf dieser Strecke (Neuenrade, 7. Januar 1995)**

**Nachdem die Schienenbusse 1984 ausgedient hatten, verkehrten jahrelang Wendezüge auf der Strecke Menden – Letmathe (Menden-Obsthof, 1. Dezember 1984)**

# 5. Die Hönnetalbahn

Die 39,5 Kilometer lange eingleisige Nebenbahn durch das Hönnetal verbindet die Stadt Neuenrade auf den östlichen Höhen der Lenne mit Fröndenberg an der Oberen Ruhrtalbahn und benutzt dabei zwischen Menden und Fröndenberg die kurz vor Fröndenberg zweigleisige Trasse der heute nur noch teilweise befahrenen Strecke Letmathe – Iserlohn – Menden – Fröndenberg – Unna. Nach Stilllegung des mittleren Streckenstücks zwischen Iserlohn und Menden im Jahre 1989 werden alle Züge aus Neuenrade über Fröndenberg hinaus bis Unna geführt. In den Jahren davor endeten viele Züge aus Neuenrade in Fröndenberg, nur ein Teil führte direkt nach Unna an der Strecke Hagen – Hamm. Obwohl die Hönnetalbahn betrieblich heute bis Unna reicht, beschäftigt sich dieses Buch lediglich mit dem Streckenstück Neuenrade – Fröndenberg, denn einerseits liegt der Großteil der restlichen Strecke nicht mehr im Sauerland, andererseits beschränkte sich der Fahrbetrieb meist auf den Streckenabschnitt bis ins Ruhrtal.

## Planung und Bau

Bereits Anfang der achtziger Jahre des vorigen Jahrhunderts gab es einen Plan, die Stadt Neuenrade an das damals bestehende Streckennetz anzuschließen. Die ehemalige Güterzugstrecke Hemer – Sundwig sollte nämlich über Balve nach Neuenrade weitergeführt werden. Genehmigt wurden aber nur die Vorarbeiten für das Teilstück Hemer – Balve, weil wegen eines fast 2 Kilometer langen Tunnelbauwerks hinter Balve die Rentabilität der Strecke fraglich war. Letztlich gebaut wurde dann allerdings nur bis Sundwig. Diese Stichbahn ist als reine Güterzugstrecke 1994 stillgelegt worden.
Noch früher – in der Planungsphase der Oberen Ruhrtalbahn – versuchte die Stadt Menden, eine Streckenführung dieser wichtigen Ost-West-Verbindung über Mendener Stadtgebiet zu erreichen. Bekanntlich gelang dieses Vorhaben nicht und so setzten die Mendener alles daran, wenigstens eine Zweigbahn mit Anschluss an die Strecke im Ruhrtal zu erhalten. Weil die Stadtväter bereit waren, nicht nur die Grunderwerbskosten, sondern auch einen Teil der Baukosten zu übernehmen, konnte 1868 mit der BME der Vertrag über den Bau einer Stichbahn von Fröndenberg nach Menden abgeschlossen werden. Von Anfang an war die eingleisig geplante Strecke für zweigleisigen Betrieb trassiert worden. Die Konzession für den Betrieb der Strecke wurde am 2. 3. 1870 erteilt, der planmäßige Zugverkehr begann am 7. 8. 1872. Wegen der günstigen topographischen Verhältnisse auf dem 4,64 Kilometer langen Streckenstück waren die Bauarbeiten zügig vorangeschritten. Als einziges Kunstbauwerk musste in der Nähe des Bahnhofs Fröndenberg eine Brücke über die Ruhr gebaut werden. Der Zugverkehr begann zunächst mit drei Zugpaaren, später kamen vier weitere hinzu.
Die Strecke Fröndenberg – Menden wurde in den Jahren zwischen 1882 und 1885 mit der bereits im Jahre 1864 eröffneten Linie Letmathe – Iserlohn verbunden. Noch vor der Jahrhundertwende erfolgte auch die Verlängerung der Strecke nach Norden. Ab 2. Januar 1899 rollten die Züge auch auf der 12,5 Kilometer langen Strecke von Fröndenberg nach dem nicht mehr im Sauerland gelegenen Unna. Knapp zehn Jahre später war die Streckenbelastung auch durch den Güterverkehr so stark angewachsen, dass die Eisenbahndirektion Elberfeld die Option auf das zweite Streckengleis zwischen Fröndenberg und Menden wahrnahm. Gleichzeitig wurden im Bahnhof Menden ein Fahrdienstleiter- und ein Wärterstellwerk eingerichtet, die zwei Jahre später – nach Eröffnung der Hönnetalbahn – für den reibungslosen Verkehr im Abzweigbahnhof Menden auch dringend benötigt wurden.

**Am 18. Juni 1989 überquert der Nahverkehrszug von Dortmund nach Iserlohn die Ruhr und wird gleich den Bah**

of von Ergste erreicht haben (Strecke Iserlohn – Schwerte)

Schon bei der polizeilichen Abnahme der Stichbahn nach Menden am 10. 7. 1872 wurde von den Festrednern der Wunsch nach einer Fortsetzung der Strecke ins Hönnetal hinein geäußert. Mit dem auch heute noch im Vorfeld strukturpolitischer Entscheidungen beliebten Argument der „darniederliegenden Industrie" wurde in der Folgezeit besonders von den Lokalpolitikern aus Balve immer wieder der Bau einer Bahnlinie gefordert. Welche Erwartungen hinter diesen Forderungen standen, wird aus einer Äußerung des Balver Amtmanns Krumm aus dem Jahr 1883 deutlich, der „zumindest" eine Sekundärbahn wünschte. Im selben Jahr kam es schließlich zur Bildung eines Eisenbahnkomitees, in dessen Vorstand verschiedene Persönlichkeiten des öffentlichen Lebens aus dem Raum Balve vertreten waren. In der Folgezeit standen zwei verschiedene Linieführungen zur Debatte. Der bereits erwähnten Verlängerung der Strecke Hemer – Sundwig stand das später verwirklichte Projekt durch das untere Hönnetal gegenüber. Obwohl der Regierungspräsident in Arnsberg die Sundwiger Variante ablehnte und sich für die Alternative stark machte, schien das gesamte Projekt Anfang der neunziger Jahre aus Kostengründen zu scheitern, so dass nun ein Betrieb als Kleinbahn in Erwägung gezogen wurde. In Gefahr geriet allerdings auch dieses Projekt, weil die Rheinisch-Westfälischen Kalkwerke, die ein sieben Kilometer langes Anschlussgleis von Menden bis kurz vor Lendringsen zum Abbau der Kalksteinvorkommen im Hönnetal nutzten, eine Mitbenutzung dieses Streckenstücks ablehnten. Die Planungen gingen allerdings trotzdem weiter. Mit der ursprünglich als Bauunternehmer vorgesehenen Westdeutschen Eisenbahngesellschaft kam es zu Meinungsverschiedenheiten über die Baukosten, so dass das Eisenbahnkomitee ab 1904 wieder eine Staatsbahnstrecke anstrebte. Obwohl die Kalkwerke einer Mitbenutzung ihres Streckenstücks noch immer die Zustimmung verweigerten, wies die Nebenbahnvorlage im Jahre 1906 auch die Strecke Menden – Balve – Neuenrade als normalspurige Nebenbahn aus. Im Streit mit den Kalkwerken einigten sich die Kontrahenten schließlich darauf, nur 1,8 Kilometer des Firmengleises auch durch die Staatsbahn nutzen zu lasssen; ab Horlecke sollten beide Gleise dann parallel verlaufen. Im Jahre 1909, fast dreißig Jahre nach den ersten Plänen, wurde endlich mit den ersten Bauarbeiten begonnen. Nach der landespolizeilichen Abnahme am 28. 3. 1912 erfolgte die feierliche Eröffnung der Strecke am 1. 4. 1912. Im Verlauf der Strecke bis Menden hatte man sechs Bahnhöfe und fünf Haltepunkte vorgesehen:

| Bahnhöfe | Haltepunkte |
|---|---|
| Neuenrade | Küntrop |
| Garbeck | Volkringhausen |
| Balve | Klusenstein |
| Sanssouci | Oberrödinghausen |
| Binolen | Menden-Süd |
| Lendringsen | |

Der heutige Zugleitbahnhof Horlecke bei Menden war lange Zeit nur eine Abzweigstelle. Erst mit Einführung des vereinfachten Nebenbahnbetriebs im Jahre 1967 (s.u.) erhielt er den Status eines Bahnhofs. Außer dem durchgehenden Streckengleis gehören alle Anlagen einschließlich des Stellwerks den Rheinisch-Westfälischen Kalkwerken.

Wegen des zwei Jahre nach der Streckeneröffnung ausgebrochenen ersten Weltkriegs erfüllten sich die mit dem Bahnbau verbundenen Hoffnungen auf einen wirtschaftlichen Aufschwung erst später. Die Vorteile der besseren Verkehrsanbindung wusste besonders die Kalkindustrie zu nutzen; neue Kalksteinbrüche entstanden in Garbeck, Balve, Sanssouci und Binolen.

Der Fahrplan der neuen Bahnlinie sah zunächst sechs Zugpaare werktags und sieben an Sonn- und Feiertagen vor. Vom ersten Betriebsjahr an gab es zusätzlich Sonderzüge aus dem Ruhrgebiet in das landschaftlich besonders reizvolle Hönnetal. Der erste Weltkrieg brachte – wie auch auf anderen Strecken – Einschränkungen im Personenverkehr. Erst nach 1925 nahm die Anzahl der Züge, besonders durch den wieder

**Die Hagener 57 1387 am 26. Januar 1969 mit dem Sonderzug des VdEF auf der Hönnebrücke bei Klusenstein**

zunehmenden Ausflugsverkehr bedingt, wieder spürbar zu. In zahlreichen Städten des nahen Industriereviers an der Ruhr gab es Sonntagsrückfahrkarten ins Hönnetal. Die Attraktivität des landschaftlich besonders reizvollen Streckenstücks zwischen Klusenstein und Sanssouci stieg durch eine sonntägliche Kraftfahrzeugsperre der Landstraße von 7 bis 19 Uhr, die zumindest nachmittags auch noch Anfang der dreißiger Jahre Gültigkeit hatte.

Bis zum Kriegsende erfuhr der Reisezugverkehr kaum Einschränkungen, wenn auch die Kriegsereignisse den Zugverkehr beeinträchtigten. Zunächst zerstörte eine gewaltige Flutwelle nach dem Luftangriff auf die Möhnetalsperre am 17. Mai 1943 die Ruhrbrücke bei Fröndenberg; bereits sechs Wochen später konnte aber der Eisenbahnverkehr über eine Behelfsbrücke wieder aufgenommen werden. Zahlreiche weitere Luftangriffe amerikanischer Jagdbomber im Frühjahr 1945 führten zu Beschädigungen an Gebäuden und Fahrzeugen, auch Menschenleben waren zu beklagen. Als im April 1945 die Amerikaner näherrückten, sprengten deutsche Soldaten die Eisenbahnbrücke in Sanssouci. Von diesem Zeitpunkt an ruhte der Zugverkehr bis Ende Mai 1945 und wurde danach zwischen Fröndenberg und Sanssouci durch GmP-Züge mit entsprechend langen Fahrzeiten wieder aufgenommen. Nach dem Bau einer Behelfsbrücke im Juni war auch das obere Streckenstück bis Neuenrade wieder an das Schienennetz angeschlossen. Diese Behelfsbrücke musste bis ins Jahr 1952 benutzt werden. Die bei Kriegsende erneut zerstörte Ruhrbrücke bei Fröndenberg wurde nur eingleisig wieder aufgebaut.

In den ersten zehn Jahren nach dem zweiten Weltkrieg stieg der Verkehr auf der Hönnetalbahn stark an, so dass die Nebenbahn zur rentabelsten der gesamten Direktion Wuppertal wurde. Trotzdem trug die Direktion Wuppertal sich mit dem Gedanken, den Betrieb im Hönnetal zu rationalisieren. An den hohen

Auch auf der Hönnetalbahn wurden die Uerdinger Schienenbusse 1984 von Wendezuggarnituren abgelöst (Lendringsen, 4. Februar 1989)

In Menden treffen sich die Strecken von Letmathe und Neuenrade. Links am Bahnsteig wartet der Nahverkehrszug nach Letmathe, während rechts eine Umbauwagengarnitur für die Fahrt auf der Hönnetalbahn bereitsteht (1. Dezember 1984)

Investitionskosten scheiterte aber der Plan, die gesamte Strecke von Menden aus ferngesteuert zu betreiben. Eine andere Rationalisierungsmaßnahme erfolgte dennoch: Zum Sommerfahrplan 1967 wurde auf dem Streckenabschnitt zwischen Horlecke und Neuenrade der sogenannte „Vereinfachte Nebenbahndienst" (heute: Vereinfachter Zugleitbetrieb) eingeführt, bei dem der Zugleiter auf dem Stellwerk Hf in Horlecke den gesamten Zugverkehr auf der Strecke regelt. In der Folgezeit schloss die DB sämtliche Bahnhöfe der Strecke. Zugkreuzungen finden heute in Binolen statt. Da sogenannte „Rückfallweichen" eingebaut sind, wird auf der Station kein Personal benötigt. Beide Einfahrweichen weisen jeweils nach rechts und fallen nach Durchfahrt des Zuges in die Grundposition zurück.

Trotz aller Rationalisierungsmaßnahmen nahm der Verkehr auf der Nebenstrecke bis in die siebziger Jahre hinein stetig ab, so dass seit 1975 an Wochenden ab Samstag Mittag Betriebsruhe herrscht. Der Großteil der Fahrgäste besteht heute aus Schülern, die in Richtung Balve oder Menden zu den weiterführenden Schulen fahren.

Mehrfach schon drohte der Strecke in den letzten Jahren die Stilllegung. Die jahrelange Arbeit des Vereins „Eisenbahnfreunde Hönnetal", der sich für den Erhalt der Strecke einsetzt, trug aber im Jahre 1993 Früchte. Mit Beginn des Sommerfahrplans wurde erstmals in der über achtzigjährigen Geschichte der Nebenbahn ein Stundentakt eingeführt. Seitdem fährt zwischen 7.44 h und 18.44 h stündlich ein Zug in Richtung Neuenrade, in der Gegenrichtung verkehren die Züge ab Neuenrade zwischen 8.38 h und 1938 h. 1997 konnte die lokale Presse melden, dass die DB eine mehrjährige Bestandsgarantie für die Hönnetalbahn gegeben hat. Nach einer 12 Millionen Mark teuren Sanierung von Oberbau und Schotterbett soll sogar die Streckenhöchstgeschwindigkeit, die bereits 1966 von 50 auf 60 km/h angehoben worden war, auf 80 Kilometer pro Stunde erhöht werden. Damit könnte die Fahrzeit zu den beiden Hauptstrecken Hagen – Kassel und Hagen – Hamm verkürzt und die Attraktivität der Strecke gesteigert werden. Seit Mai 1998 hat die DB auch das Zugangebot weiter verbessert. An Samstagen verkehren nun wie an anderen Werktagen auch stündlich Triebwagen bis kurz vor 20 Uhr. Die sonntägliche Betriebsruhe wurde ebenfalls aufgegeben; allerdings gibt es sonntags nur einen Zweistundentakt.

Vom umfangreichen Güterverkehr vergangener Jahre ist nicht mehr viel übriggeblieben. Innerhalb von neun Jahren beendete die DB den gesamten Express- und Stückgutverkehr, indem sie in drei Phasen die Abfertigungsbefugnisse aller Bahnhöfe der Strecke aufhob:

*22. 5. 1966: Garbeck (Stückgut-,Wagenladungsverkehr), Sanssouci, Binolen*
*1. 6. 1973: Lendringsen*
*31. 12. 1975: Balve, Neuenrade*

Bis zur Schließung des Bahnhofs Garbeck im Jahre 1970 wurde hier noch Expressgut abgefertigt.

Der aktuelle Gütertransport auf der Hönnetalbahn beschränkt sich, wenn man das kurze Streckenstück bis Horlecke mit seinem umfangreichen Kalkzugverkehr außer acht lässt, auf Wagenladungsverkehr bis zur Awanst (Ausweichanschlusstelle) Müller bei Garbeck. Die hier angesiedelten Firmen verfügen fast alle über einen eigenen Gleisanschluss. Lastkraftwagen beherrschen heute den Kalksteintransport, der in früheren Jahren für ein beträchtliches Verkehrsaufkommen auf der Schiene sorgte.

## Triebfahrzeuge

Für den Fahrbetrieb auf der Hönnetalbahn war fast ausschließlich das ehemalige Bahnbetriebswerk Fröndenberg zuständig. Nach dessen Auflösung waren die eingesetzten Triebfahrzeuge in Letmathe, danach in Bestwig und Hagen 1 stationiert. Zur Zeit wird der Personenverkehr durch Triebwagen der Reihe 628.4 des Bh Essen durchgeführt.

Mit der Streckeneröffnung zwischen Fröndenberg und Menden wurde Fröndenberg zur

Lokstation. Zunächst setzte die Eisenbahnverwaltung BME-Maschinen ein, die später von preußischen Typen der Reihen T 3 ($89^{70}$), T7 ($89^{78}$) und T 9 (91°) abgelöst wurden. Bis auf die T 3, die bereits vor dem ersten Weltkrieg wieder verschwand, gehörten diese Maschinen bis etwa 1920 zum Fröndenberger Bestand. Als 1912 auch der Eisenbahnverkehr zwischen Menden und Neuenrade begann, erlangte die Lokstation Fröndenberg den Status einer Betriebswerkstätte. Die schwerer gewordenen Güter- und Personenzüge wurden nun von den Reihen T 12 ($74^{4}$) und T 13 ($92^{5}$) gezogen. Fröndenberger Maschinen bewältigten den gesamten Zugverkehr im Hönnetal bis zur Auflösung der Dienststelle am 23. 5. 1954. Lediglich für die Kalkzüge ab Horlecke waren auch Lokomotiven der Reihen G 8 ($55^{16}$), G 8.1 ($55^{25}$) und G 10 ($57^{10}$) des Bw Hagen Gbf zuständig. Bis 1976 sah man vor diesen Zügen auch Hammer oder Gelsenkirchener Lokomotiven der Reihe 44.

In den zwanziger Jahren erhielt das Bw Fröndenberg die ersten Tenderloks der Reihe $93^{5}$ (ehem.Pr. T $14^{1}$), die nun für 3 Jahrzehnte den gesamten Güter- und Personenverkehr auf der Hönnetalbahn abwickeln sollten. Bis zu 16 Maschinen dieses Typs (1950) waren in Fröndenberg beheimatet. Erst kurz vor der Auflösung ihrer Heimatdienststelle versuchte die BD Wuppertal, die bewährten Preußinnen durch drei Neubautenderloks der Reihe 65 zu ersetzen, die aus diesem Grund von Letmathe umbeheimatet wurden. Wegen technischer Probleme endete dieser Versuch mit 65 011, 012 und 013 aber recht bald wieder, die Loks gingen nach Darmstadt (65 011) und Essen.

Zu Beginn des Winterfahrplans 1954/55 erfolgte fast schlagartig der Traktionswechsel im Personenverkehr. Zwei Drittel aller Personenzugleistungen wurde von diesem Zeitpunkt an von Schienenbussen der Reihe VT 95 übernommen. Da das Bw Fröndenberg inzwischen als selbständige Dienststelle nicht mehr bestand, setzte das Bw Letmathe die einmotorigen Fahrzeuge auf der Hönnetalbahn ein. Kurze Zeit später ging auch der verbliebene Personenverkehr auf die roten Schienenbusse über, so dass Dampflokomotiven nur noch im Güterverkehr eingesetzt wurden. Auch hier kam aber bereits 1956 das erste Dieselfahrzeug zum Einsatz. Der Bahnhof Sanssouci erhielt eine eigene Kleinlok zum Rangieren, bis dahin hatten die Zugloks alle Rangieraufgaben selbst übernehmen müssen. Ab 1955 ersetzte die zweimotorige Schienenbusreihe VT 98 die ursprünglich eingesetzten VT 95. Diese Reihe sollte nun – wie schon die Dampflokreihe $93^{5}$ – für fast 30 Jahre fast den gesamten Personenverkehr im Hönnetal übernehmen, später unterstützt durch Lokomotiven der Reihen 211/212. Als im Jahre 1960 auch das Bw Letmathe schloss, kamen die Triebwagen bis 1982 zum Bw Bestwig. An ihrem Einsatzgebiet änderte sich nichts, als dieses Betriebswerk 1982 ebenfalls aufgelöst wurde und die Schienenbusse noch für zwei Jahre zum Bw Hagen 1 (ehemals Hagen-Eckesey) gelangten. Mit Beginn des Sommerfahrplans 1984 übernahmen Hagener 212 mit Wendezügen den Personenverkehr im Hönnetal. Inzwischen haben Essener Triebwagen der Reihe 628.4 wie auf fast allen Sauerländer Nebenstrecken den Personenverkehr zwischen Unna und Neuenrade übernommen. Lediglich in den Stoßzeiten des Schülerverkehrs morgens und mittags fahren Osnabrücker 624/634.

Die Lokomotiven der BR 360 für den Güterverkehr bis zur Ausweichanschlussstelle Müller bei Garbeck stammen aus Hagen.

Wenn auch nacheinander die Bw Fröndenberg, Letmathe, Bestwig, Hagen-Eckesey und Essen jeweils für fast den gesamten Eisenbahnverkehr im Hönnetal verantwortlich waren, kamen doch auch regelmäßig Maschinen anderer Bahnbetriebswerke ins Hönnetal. Neben den bereits erwähnten Einsätzen Hagener Güterzugloks stellte beispielweise das Bw Kassel im Fahrplan 1981/82 die Bespannung eines Zugpaares. Daneben werden Loks der Reihe 218 aus Hagen und 215 aus Oberhausen-Osterfeld in Doppeltraktion vor Kalkzügen ab Horlecke eingesetzt. Die ebenfalls aus Oberhausen stammenden „Ludmillas" der Reihe 232 benötigen dagegen keine zweite Maschine zur Unterstützung.

# 6. Bahnbetriebswerke

Der Bedeutung der beiden großen Hauptstrecken des Sauerlandes trug auch die Lage der Bahnbetriebswerke Rechnung. Mit Ausnahme der Bw Olpe (Strecke Finnentrop – Kirchen) und Brügge (Strecke Hagen – Dieringhausen/Volmetalbahn) lagen alle an Ruhr- oder Lennetalbahn. Im oberen Ruhrtal folgten einander im Abstand von 15 bis 30 Kilometern die Werke in Schwerte (nicht mehr im Sauerland gelegen), Fröndenberg, Arnsberg und Bestwig. An der Ruhr-Sieg-Strecke wurden ebenfalls 4 Bahnbetriebswerke in Letmathe, Finnentrop, Altenhundem und Kreuztal errichtet, wobei das Kreuztaler Werk schon im Siegerland lag. Selbstverständlich wurde der Verkehr besonders auf den großen Hauptstrecken nicht nur durch Maschinen der genannten Betriebswerke abgewickelt. Besonders die am Endpunkt der Hauptstrecken gelegenen Hagener Betriebswerke Eckesey, Vorhalle und Güterbahnhof bedienten mit ihren Lokomotiven sowohl die Strecken im Volme- als auch im Lenne- und Ruhrtal. An den anderen Endpunkten der drei großen Durchgangslinien befanden sich ebenfalls Bahnbetriebswerke, die mit ihren Lokomotiven den Zugverkehr auf den Sauerländer Strecken abwickelten: Kasseler Maschinen befuhren bis in die jüngste Zeit die obere Ruhrtalbahn, vom Bw Siegen aus wurde die Ruhr-Sieg-Strecke befahren, und das im bergischen Land gelegene Bw Dieringhausen unterstützte die Betriebswerke in Brügge und Hagen auf der Volmetalbahn. Bis auf das Betriebswerk Arnsberg befanden sich alle in Orten, in denen zumindest eine Zweigbahn begann:

**Blick von der nahen Anhöhe auf die Anlagen des Bw Altenhundem**

| Bw | Strecke | Zweigbahn(en) |
|---|---|---|
| Letmathe | Hagen – Siegen | Letmathe – Menden |
| Finnentrop | Hagen – Siegen | Finnentrop – Wennemen/Finnentrop – Olpe – Kirchen |
| Altenhundem | Hagen – Siegen | Altenhundem – Wenholthausen/Altenhundem – Birkelbach |
| Kreuztal | Hagen – Siegen | Kreuztal – Berleburg/Frankenberg |
| Schwerte | Hagen – Warburg | Schwerte – Iserlohn/Schwerte – Dortmund |
| Fröndenberg | Hagen – Warburg | Fröndenberg – Unna/Fröndenberg – Neuenrade/Letmathe |
| Bestwig | Hagen – Warburg | (Bestwig –)Nuttlar – Frankenberg |
| Olpe | Finnentrop – Kirchen | Olpe – Dieringhausen |
| Brügge | Hagen – Dieringhausen | Brügge – Lüdenscheid/(Brügge –)Oberbrügge – Wipperfürth/Wuppertal |

Aber auch weiter entfernte Bahnbetriebswerke unterstützten den Verkehr auf den beiden Hauptstrecken, so zum Beispiel die Bw Dillenburg, Gießen und Paderborn mit Loks der Baureihen $01^{10}$, 01, 39 und 44.

Nicht nur viele Sauerländer Nebenstrecken sind heute verschwunden, auch sämtliche Bahnbetriebswerke haben ihren Betrieb eingestellt. Das Aus für die meisten Dienststellen kam schon in den fünfziger Jahren. In diesem Jahrzehnt gaben folgende Betriebswerke ihren Status als eigenständige Dienststelle auf:

| | |
|---|---|
| *Arnsberg :* | *Mai 1953* |
| *Brügge:* | *Mai 1955* |
| *Olpe:* | *Oktober 1953* |
| *Fröndenberg:* | *Mai 1954* |

In den sechziger Jahren folgten die Bahnbetriebswerke Letmathe (11/1960) und Altenhundem (1/1966), zehn Jahre später gab es auch das Bw Finnentrop nicht mehr (2/1976). Das letzte Sauerländer Bahnbetriebswerk war das Bw Bestwig, das im Mai 1982 – inzwischen nur noch Außenstelle des Bw Hagen 1 (ehemals Eckesey) – seine Pforten schließen musste.

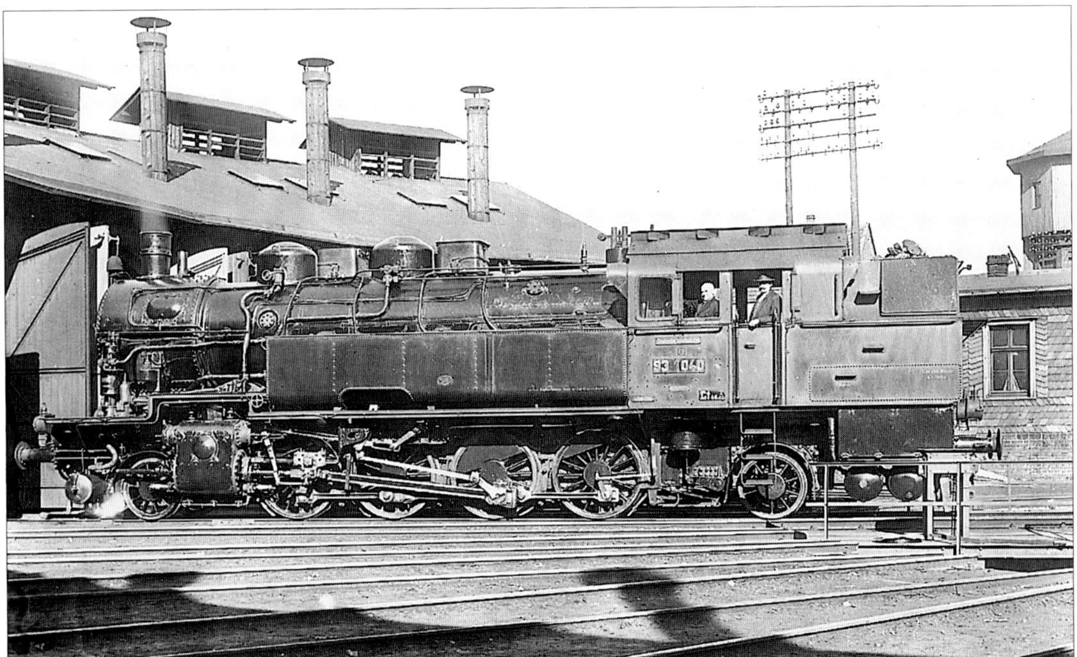


**Die preußische 93 1040 im Bw Letmathe, aufgenommen um 1930**

Der heute noch verbliebene Nah- und Güterverkehr wird hauptsächlich durch Hagener Loks und Triebwagen der Reihe 628.4 aus Essen abgewickelt. Im Güterverkehr gelangen auch Loks der Baureihen 216 und 232 des Bh Oberhausen-Osterfeld ins Sauerland. Die Interregiozüge auf der Lennetalbahn bespannt der Bh Berlin Hbf mit seinen Maschinen der Reihe 112. Stellvertretend für die zahlreichen Sauerländer Bahnbetriebswerke soll der Geschichte der Dienststellen in Bestwig an der Oberen Ruhrtalbahn und Brügge an der Volmetalbahn nachgegangen werden.

## Bw Bestwig

Als in den Jahren von 1870 bis 1873 die sogenannte „Obere Ruhrtalbahn" von Hagen nach Warburg dem Verkehr übergeben wurde, mussten auch mehrere Lokstationen in relativ geringem Abstand eingerichtet werden, weil die Reichweite der damaligen BME-Maschinen nicht sehr groß war. Obwohl der Ort Nuttlar am Fuße der langen Steilrampe nach Brilon Wald geeigneter für die Anlage einer solchen Station gewesen wäre, entschied man sich notgedrungen für das kleine Dörfchen Bestwig, denn nur hier konnte das entsprechende Bauland erworben werden. Die Bewohner der Orte Nuttlar und Velmede, das ebenfalls als Standort in der Diskussion stand, wehrten sich gegen den Bau, weil sie wegen des Funkenflugs um ihre strohgedeckten Häuser fürchteten. Erschwerend für den Bau des Lokomotivschuppens und der übrigen baulichen Anlagen in Bestwig war der ungünstige Verlauf der Ruhr, deren Flussbett deshalb weiter nach Norden verlegt werden musste, um den notwendigen Baugrund zu gewinnen, auf dem dann ein zehnständiger Lokschuppen errichtet wurde. Auf der anderen Seite der Steilrampe bei Brilon Wald, in Bredelar, wurde ebenfalls eine Lokstation mit zehnständigem Schuppen gebaut, die aber der Dienststelle in Bestwig unterstand. Der offizielle Name der Einrichtung lautete nach der Verstaatlichung der Bergisch Märkischen Eisenbahngesellschaft „Königlich Preußische Betriebswerkstätte Bestwig-Nuttlar". Durch die Einrichtung der Betriebswerkstätte wuchs der einst mit sieben Wohnhäusern völlig unbedeutende Ort Bestwig schnell zu einem Dorf mit 625 Einwohnern (1905), die in Zukunft zum großen Teil ihr Brot bei der Bahn verdienen sollten.

In den ersten Jahren der Dienststelle waren in Bestwig Lokomotiven der Achsfolgen 1'B und C beheimatet, die von den Firmen Borsig in Berlin und Vulcan in Stettin geliefert worden waren. Ab 1890 kamen dann preußische P 3 und G 3 hinzu. Die Steilrampe nach Brilon Wald hinauf konnten die dreiachsigen Güterzugmaschinen nur zu dritt bewältigen, wenn das Zuggewicht über 1000 t lag. Zwei Loks arbeiteten dann an der Spitze des Zuges, während eine als Schublok eingesetzt war. Nach der Jahrhundertwende kamen für den schweren Reisezugdienst Loks der Reihe P 4 ins östliche Sauerland, die zu zweit Geschwindigkeiten bis 90 km/h erreichten. Die Güterzüge wurden nun auch mit der Reihe G 4 bespannt.

Als in den ersten zehn Jahren des neuen Jahrhunderts die in der Nähe von Bestwig an die Obere Ruhrtalbahn anschließenden Nebenstrecken Brilon Wald – Büren (1900/1901) und Nuttlar – Frankenberg (1902/1906/1908) in Etappen eröffnet wurden, wuchs der Verkehr im Raum Bestwig – auch wegen des aufkommenden Fremdenverkehrs – stark an. Im Bestwiger Bw war man deshalb gezwungen, den Lokschuppen um fünf Stände auf fünfzehn zu erweitern.

Gegen Ende des Ersten Weltkriegs erhielt das Bw Kassel die ersten Güterzuglokomotiven der Baureihe G 12 (spätere $58^{10}$). Diese Maschinen sollten in Bestwig wenden. Da die dortige Drehscheibe zu klein war und die baulichen Anlagen der inzwischen ebenfalls „Bahnbetriebswerk" genannten Dienststelle dringend einer Erneuerung bedurften, plante die Bahn ab 1919 den Neubau des Betriebswerks 400 Meter weiter westlich des alten Standorts. Die wirtschaftlichen Probleme in der Frühzeit der

**Ab Mai 1965 übernahm die Baureihe 23 die Aufgaben der preußischen P 8 im Bw Bestwig. Auf dem Foto sehen wir die 23 015**

Weimarer Republik ließen die Fertigstellung aber erst im Jahre 1924 zu, so dass für eine gewisse Zeit beide Anlagen parallel betrieben werden mussten.
In diesen fünf Jahren hatte sich der Lokbestand des Betriebswerks grundlegend gewandelt. Ab 1919 wurden Maschinen der Reihen P 8 ($38^{10}$), G $8^1$ ($55^{25}$), G 10 ($57^{10}$) und T 14 ($93^0$) in Bestwig heimisch; später gesellte sich auch die Reihe T $14^1$ ($93^5$) hinzu. Die Lieferung der fabrikneuen Maschinen erfolgte über mehrere Jahre hinweg. So gelangten von der Reihe P 8 1919 vier Maschinen (38 2340, 2341, 2511, 2513) 1920 eine (38 3053), 1921 wiederum vier (38 3249, 3250, 3257, 3408) und 1922 schließlich 3 (38 3409, 3410, 3412) in den Bestand der Dienststelle. Loks dieser Baureihe waren dann fast bis zum Ende des Dampfbetriebs in Bestwig beheimatet.
1923 gelangten darüber hinaus für kurze Zeit vier oder fünf Schlepptenderloks der Reihe 39 nach Bestwig. (39 047, 049, 050, 051(?), 061) Diese Maschinen bestimmten zwar in dieser Zeit den hochwertigen Reisezugdienst auf der Oberen Ruhrtalbahn, kamen sonst aber von Hagen-Eckesey und Kassel Bahndreieck aus zum Einsatz, wohin ein Teil der Loks auch 1926 umbeheimatet wurde.
Spätestens ab den frühen dreißiger Jahren setzte das Bw Bestwig auch Güterzugloks der Reihe $58^{10}$ im Güterzugdienst auf der Hauptstrecke entlang der Ruhr ein, wobei westlicher Endpunkt fast aller Güterzugleistungen der Verschiebebahnhof Geisecke bei Schwerte war. Die Reihe $58^{10}$ verdrängte allmählich die Reihe $57^{10}$, von denen einige aber bis 1935 in Bestwig verblieben. Während des Zweiten Weltkriegs gelangten dann noch einmal für zwei Jahre 57er in den Bestand des Bw Bestwig. 1968 weist die Statistik ebenfalls noch einmal Loks der Reihe $57^{10}$ auf. In diesem Jahr wurde das Bahnbetriebswerk Hagen Gbf aufgelöst und die dort beheimateten 57er kamen buchmäßig ins Sauerland. An ihren Einsätzen im Raum Hagen hat das allerdings nichts geändert.
Mitte der dreißiger Jahre wurde auch in Bestwig damit begonnen, Güterzugloks der Reihe $55^{25}$ mit einer Laufachse ausstatten zu lassen, um die Höchstgeschwindigkeit auf 70 km/h

**Die 23 014 und die 50 439 im Bw Bestwig. Seit 1982 gibt es diese Dienststelle nicht mehr**

anheben zu können. Nach dem Umbau kamen die Loks als Baureihe $56^2$ zurück in ihr Heimat-Bw und wurden vor Nahgüterzügen im Ruhrtal und auf den Nebenstrecken nach Büren/Paderborn und Winterberg eingesetzt.

Von den ehemals preußischen Dampfloks der Reihen $38^{10}$, $55^{25}$ und $56^2$ mussten zahlreiche Exemplare nach 1941 den Weg in die Weiten Russlands antreten. Weil im Krieg die Obere Ruhrtalbahn im Güterverkehr große

Bedeutung erlangte – zeitweilig rollten 250 Güterzüge täglich über die Strecke – erhielt das Bw Bestwig ab 1942 Ersatz durch fabrikneue Schlepptenderloks der Reihe 44. Mitte 1942 kamen mit den 44 1189 bis 1194 die ersten sechs Maschinen ins Ruhrtal. Später gesellten sich auch die leichteren Einheitsloks der Reihe 50 hinzu.

Wegen der vorübergehend gewachsenen Bedeutung der Strecke Hagen – Warburg war man Ende der dreißiger Jahre gezwungen, den Lokschuppen um fünf Stände zu erweitern. Der Personalstand betrug in dieser Zeit 400 Beschäftigte. Nach dem Krieg allerdings sank das Verkehrsaufkommen besonders im Güterverkehr schnell, denn einerseits hatte die Grenzziehung zur DDR natürlich Auswirkungen auf die Verkehrsströme, andererseits favorisierte die Bahn im Güterverkehr die Linie Altenbeken – Soest, so dass man in den fünfziger Jahren in Bestwig mit Loks der Reihe 50 auskam. Bis 1952 gab das Bw Bestwig deshalb alle Güterzugloks der Reihe 44 an andere Bahnbetriebswerke ab; die Reihe $58^{10}$ war schon seit 1950 aus Bestwig verschwunden. Weitere Änderungen gegenüber der Vorkriegszeit ergaben sich aus dem Wechsel von Kassel in den Zuständigkeitsbereich der Bundesbahndirektion Wuppertal und der Auflösung der Bahnbetriebswerke in Arnsberg (1953) und Warburg (1959). Beide Werke wurden nun Einsatzstellen des Bw Bestwig.

Zehn Jahre nach Kriegsende deutete sich auch im östlichen Sauerland der Traktionswandel an. 1955 wurden die ersten Uerdinger Schienenbusse der Reihe VT 98 nach Bestwig ausgeliefert (98 9513-9516), die nach und nach die alten Tenderloks der Reihe 93 verdrängten. Versuche, diese Lok durch die Einheitstenderlok der Reihe 64 (von Wuppertal und Siegen abgegeben) zu ersetzen, dauerten 1956 ganze 2 Monate. Zu geringe Vorräte und zu große Räder auf den steilen Strecken im Sauerland ließen einen weiteren Einsatz der „Bubiköpfe" wenig sinnvoll erscheinen. Loks der Reihe 86 allerdings wurden ab 1960 neben Schienenbussen erfolgreich anstelle der BR 93 eingesetzt.

Mitte der sechziger Jahre ging das Dampfzeitalter in Bestwig langsam zu Ende. Bis 1966 schieden alle Loks der Reihen 86 und $38^{10}$ aus dem Betrieb aus. Der Bestand an P 8 war in den letzten Jahren trotz zahlreicher Ausmusterungen in etwa gleich geblieben. Im Gegenzug hatte das Bw Bestwig nämlich jeweils Maschinen anderer Dienststellen zugewiesen bekommen. Die Aufgaben der Baureihe $38^{10}$ übernahmen ab Mai 1965 Neubauloks der Reihe 23, die durch die Elektrifizierung der Ruhr-Sieg-Strecke beim Bw Siegen freigeworden waren. Bis zum Jahreswechsel 1970/71 waren die formschönen Lokomotiven auf der Oberen Ruhrtalbahn, auf der Nebenbahn nach Winterberg und sogar vor einem Nahgüterzugpaar Hamm – Warburg zu sehen, bevor sie nach Süddeutschland abgegeben wurden. Ebenso gingen kurze Zeit später die letzten Güterzugloks der Reihe 50 zum Bw Wuppertal-Vohwinkel (1972).

In Bestwig beheimatet waren nun nur noch Kleinloks und die Uerdinger Schienenbusse der Reihe VT 98 (798). Die Aufgaben im Reisezugverkehr wurden hauptsächlich von Hagener Maschinen der Reihe 215, 216 und schließlich 218 übernommen. Auch Kasseler 216 und die schwere 220 aus Hamm waren im Ruhrtal anzutreffen. Durch weitere Streckenstilllegungen, Schließung von Haltepunkten und Güterabfertigungen ging die Bedeutung des Eisenbahnverkehrs im Raum Bestwig weiter zurück, so dass das Bahnbetriebswerk am 1. Mai 1982 zu einer Außenstelle des Bw Hagen 1 herabgestuft wurde. Zwei Jahre später wurden auch die verbliebenen Schienenbusse, die zwar auch zum Bw Hagen 1 gehörten, aber weiterhin von Bestwig aus auf Nebenstrecken eingesetzt worden waren, aus dem Sauerland abgezogen und durch Wendezüge ersetzt. Drei Jahre später entfernte man die Drehscheibe, und wenn die verbliebenen Gebäude der Spitzhacke zum Opfer fallen, wird kaum mehr etwas an das für die Entwicklung des kleinen Dörfchens Bestwig so bedeutsame Betriebswerk erinnern.

# Bw Brügge

Am 16. März 1874 nahm die Bergisch-Märkische-Eisenbahngesellschaft im Volmetal auf der damals noch eingleisigen Eisenbahnstrecke Oberhagen – Brügge den Güterverkehr auf, ein knappes halbes Jahr später auch den Personenverkehr. Bereits drei Jahre vorher war das Streckenstück von Hagen nach Oberhagen dem Verkehr übergeben worden. Am vorläufigen Endpunkt der Linie, in dem kleinen Örtchen Brügge, wurde eine Lokstation errichtet. Zunächst begnügte man sich dort mit einem einständigen Lokschuppen, der aber wegen des stetig gestiegenen Verkehrsaufkommens schon bald den Anforderungen nicht mehr genügte und 1879 durch einen zweiständigen Schuppen ersetzt wurde. Die Gebäude dieser ersten Anlage befanden sich etwa auf halber Strecke zwischen dem später wesentlich erweiterten Betriebswerk an der Mündung des Elspebaches in die Volme und dem Bahnhofsgebäude direkt am Ufer der Volme. Der Platz reichte nun für vier Tenderlokomotiven aus. Zunächst waren in Brügge die üblichen BME-Maschinen mit der Achfolge 1'B beheimatet, gegen Ende des Jahrhunderts, nach Verstaatlichung der BME, Güterzugloks der Reihe G 3. Nachdem im Jahre 1880 die Steilstrecke nach Lüdenscheid und 1892/93 der südliche Teil der Volmetalbahn in Richtung Dieringhausen in Betrieb genommen werden konnte, war die Zahl der in Brügge zu behandelnden Dampflokomotiven wieder spürbar gestiegen. Hierfür reichte der alte zweiständige Lokschuppen nicht mehr aus, so dass 1897 etwas weiter westlich zusätzlich ein vierständiger, polygonaler Lokschuppen mit einer 12-Meter-Drehscheibe errichtet wurde. Neben dem Lokschuppen befand sich noch ein nicht überdachtes Gleis, dem kurze Zeit später drei weitere hinzugefügt wurden. In dieser Zeit stieg die Lokstation in den Rang einer „Königlichen Betriebswerkstätte" auf, die zu Anfang des Jahrhunderts über Lokomotiven der Reihen P 3 (4 Stück), T 7 (1), T 9 (Bauart Elberfeld/3) und T $9^1$ (8) verfügte. Sechs Jahre später war der Bestand auf 22 Maschinen angewachsen. Neben 14 Loks der

**Das Bw Brügge im Jahr 1931. Gerade fährt eine bayerische Gt 2 x 4/4 (BR 96⁰) auf die Drehscheibe**

Reihe T 9 (Bauart Elberfeld) und 4 T $9^3$ waren noch eine P 2, die im selben Jahr ausgemustert wurde, und drei P 3 im Einsatz, die aber auch in den folgenden Jahren aus dem Dienst ausschieden. Besonders die „bayerischen" T 9 (Bauart Elberfeld) bewährten sich auf der Rampe nach Lüdenscheid ebenso wie auf anderen kurvenreichen Strecken der ED Wuppertal.

Da die überdachten Schuppengleise nicht ausreichten, alle Loks geschützt unterzubringen, sollte ursprünglich der polygonale Schuppen eine Erweiterung erfahren. Dies ließ sich wegen der räumlichen Enge am Volmeufer aber nicht durchführen. Als im Jahre 1910 die Nebenbahn über Halver und Anschlag ins Bergische Land nach Wipperfürth/Radevormwald und kurz darauf auch das zweite Streckengleis zwischen Brügge und Hagen in Betrieb ging, wurde klar, dass nur die völlige Neugestaltung der gesamten Bahnhofsanlagen eine auf Dauer sinnvolle Lösung sein konnte. In nächsten den Jahren wurde deshalb nicht nur der Bahnhofsbereich völlig neu gestaltet, sondern auch das Betriebswerk weiter nach Südosten an das in Richtung Dieringhausen gelegene Bahnhofsende verlegt. Im Jahre 1915 konnte die gesamte Anlage dem Betrieb übergeben werden. Der Brügger Rundlokschuppen wies 13 Stände auf und konnte bei Bedarf um weitere Stände erweitert werden. Baulich mit dem Schuppen verbunden waren Büro- und Werkstatträume. Neben dem Werkstattgebäude ließ die Eisenbahndirektion Wuppertal man noch eine zweigleisige Wagenausbesserungshalle errichten.

Auch weiterhin dominierten in der sauerländer Dienststelle Nebenbahnmaschinen. Der Bestand war inzwischen auf 25 Lokomotiven angewachsen. Die dreiachsigen Tenderloks waren aber den gestiegenen Zuglasten nicht mehr gewachsen, so dass in Brügge in der Folgezeit vier- und fünfachsige Tenderloks der Reihen T $14^1$ und T $16^1$ Verwendung fanden. Hinzu kamen noch Schlepptenderlokomotiven der Reihe G 10 und ab 1929 die bayerische Gt 2 x 4/4 (BR $96^0$). Sie sollten als Schubloks den Verkehr auf der Steilstrecke nach Lüdenscheid beschleunigen. Obwohl die Fahrzeiten der bergwärts fahrenden Züge verkürzt werden konnten, wurden die Sauerländer Lokführer nicht so recht froh mit den komplizierten und nur mit großem Aufwand zu unterhaltenden „Bayern". Bereits 1936 gab das Bw Brügge die Loks wieder ab, die kurz darauf verschrottet wurden. Folgende 96er trugen die Aufschrift „RBD Wuppertal – Brügge": 96 001, 96 003 und 96 005. Außer diesen Tenderloks waren im Jahre 1933 noch folgende Lokomotiven in Brügge beheimatet: $57^{10}$ (8), $91^3$ (1), $93^5$ (5), $94^5$ (8).

Obwohl seit den zwanziger Jahren zahlreiche Neubaulokomotiven der Einheitsbauart entwickelt worden waren, ging das Bw Brügge bei den Zuteilungen bis zum Zweiten Weltkrieg leer aus. Zwar standen öfter Lokomotiven der Baureihe 86 vor dem Brügger Rundlokschuppen, sie waren aber im Bw Steinbeck (später Wuppertal-Steinbeck) beheimatet und gelangten über die Wuppertalbahn Oberbarmen – Radevormwald – Anschlag – Halver – Brügge ins Sauerland.

Während des Zweiten Weltkrieges sank der Lokbestand des Bw Brügge auf bis zu 15 Maschinen ab, weil auch hier Loks für den Kriegseinsatz abgegeben werden mussten . Der Bestand an 57ern ging 1943 zurück bis auf ein Exemplar, so dass vom Bw Brügge aus nun hauptsächlich mit Loks der Reihen $93^5$ und $94^5$ gefahren wurde. In den Listen über Einsätze im Russlandfeldzug finden sich mehrere ehemalige Brügger 57er wieder, die allerdings schon vor dem 22. 6. 1941 (Beginn des Russlandfeldzugs) umstationiert worden waren. Viele Brügger 57er gingen nach dem Einmarsch in Österreich zunächst entweder in Wiener Bws oder aber nach Oberschlesien, von wo aus sie dann zum Kriegseinsatz herangezogen wurden. Als Ersatz erhielt das Bw Brügge nach dem Frankreichfeldzug zwei französische Loks der Reihe 140 G (Nr. 230 und 246) und auch erste Einheitsloks der Reihe 50. Die sieben Güterzugloks gingen dem Bw im Jahre 1943 zu, blieben aber nur bis 1944 im Volmetal. Nach dem Krieg gehörten dann bis in die fünfziger Jahre hinein immer wieder einige wenige Loks

**Die 94 503 am 10. März 1932 im Bw Brügge. Weitere sieben Maschinen dieses Typs waren hier beheimatet**

**Für den Steilstreckeneinsatz auf der Strecke Brügge – Lüdenscheid waren bayerische Gt 2 x 4/4 (96 001, 96 003 und 96 005) von 1929 bis 1936 im Sauerland zu Hause**

**Die 57 3334 im Bw Brügge. Diese Maschine ist von ihrem Kriegseinsatz im Osten nicht zurückgekehrt**

dieses Typs zum Brügger Lokbestand. Gegen Kriegsende und in den ersten Nachkriegsjahren waren außerdem Maschinen der Reihen $55^{25}$ und $56^{3}$ kurz und mit wenigen oder nur einem Exemplar in Brügge beheimatet. Als letzte Lokbaureihe erhielt die Dienststelle von Oktober 1953 bis Januar 1954 noch Einheitstenderloks der Reihe 86 zugewiesen. Zu diesem Zeitpunkt waren außerdem nur noch neun Exemplare der Reihe $93^{5}$ in Brügge beheimatet, denn die beiden letzten 50er – 50 1283 und 50 2576 – waren bereits 1953 umbeheimatet worden.

Stationierungszeiten Brügger Loks der Reichsbahn- und Bundesbahnzeit:

| | | |
|---|---|---|
| *Kö* | *1934 – 1937* | |
| *BR 50* | *1943 – 1944* | *1945 – 1953* |
| *BR $54^{0}$* | | *– 1926* |
| *BR $55^{0}$* | *1940 – 1941* | |
| *BR $55^{7}$* | *1949 – 1951* | |
| *BR $55^{25}$* | *? – 1942* | *1944* |
| *BR $56^{2}$* | *1944* | |
| *BR $57^{10}$* | *1923 – 1941* | *1954* |
| *BR $74^{4}$* | *1943 – 1945* | |
| *BR 86* | *1953 – 1954* | |
| *BR $91^{3}$* | *1933 – 1938* | |
| *BR $93^{5}$* | *1924 – 1954* | |
| *BR $94^{5}$* | *1928 – 1943* | |
| *BR $96^{0}$* | *1929 – 1936* | |

Die Aufstellung macht deutlich, dass die Bundes- und Reichsbahnzeit im Bw Brügge weitgehend geprägt war durch preußische Maschinen der Reihen $57^{10}$, $93^{5}$ und $94^{5}$. Die übrigen Typen waren entweder nur kurz oder mit wenigen Exemplaren in Brügge vertreten.

Rationalisierungsbestrebungen der Bahn führten in den fünfziger Jahren zur Auflösung zahlreicher Bahnbetriebswerke. Nachdem bereits die Bw Olpe, Arnsberg und Fröndenberg 1953 und 1954 geschlossen worden waren, wurde das Bahnbetriebswerk Brügge mit Wirkung vom 22.Mai 1955 als eigenständige Dienststelle aufgelöst und als Außenstelle dem Bw Hagen Gbf angegliedert. Vier Jahre später, am 31. Mai 1959, schloss man auch diese Einrichtung.

Bis Mitte der sechziger Jahre blieben die Gebäude noch vollständig erhalten, dann ließ die Bahn den Ringlokschuppen abreißen, einige Zeit später folgte der Wasserturm. Als die zweigleisige Wagenausbesserungshalle unter Denkmalschutz gestellt werden sollte, schaffte die Bundesbahn mit dem Abriss des Gebäudes Mitte der achtziger Jahre vollendete Tatsachen. Heute stehen neben einem abseits gelegenen Schuppen nur noch die gewerblich genutzten Büro- und Werkstatträume. Wer das daneben liegende Gelände genauer untersucht, wird allerdings noch die vollständig erhaltenen Grundmauern des Rundlokschuppens und die früher von der Drehscheibe eingenommene Freifläche entdecken. Das Gelände wird heute von einem Unternehmen aus der Holzbranche genutzt.

# 7. Kleinbahnen im Sauerland

Neben den vollspurigen Strecken gab es im Sauerland mit seiner für den Eisenbahnverkehr sehr ungünstigen Topographie zahlreiche Kleinbahnen. Besonders im dichter besiedelten Westsauerland existierten mehrere Unternehmen, die auf ihren Meterspurnetzen den Anschluss der Seitentäler an die Staatsbahnstrecken ermöglichten. Die beiden größten Städte des Sauerlandes, Lüdenscheid auf dem zwischen den Flüssen Volme und Lenne gelegenen Höhenrücken und Iserlohn am nördlichen Rand des Sauerlands, waren die Mittelpunkte der Schmalspurnetze von KAE (Kreis Altenaer Eisenbahn) und IKB (Iserlohner Kreisbahn). Der Geschichte dieser beiden Unternehmen wird in diesem Kapitel genauer nachgegangen. Daneben gab es im Westsauerland noch die „Kleinbahn Haspe-Voerde-Breckerfeld" südwestlich der Stadt Hagen. Sie verband die ehemalige Hansestadt Breckerfeld mit der Hauptstrecke Hagen – Köln. Von Hohenlimburg aus an der Ruhr-Sieg-Strecke erschloss die ausschließlich dem Güterverkehr dienende „Hohenlimburger Kleinbahn" das nahegelegene Nahmertal mit seinen zahlreichen Industriebetrieben. Ebenfalls an der Ruhr-Sieg-Strecke begann das Streckennetz der „Plettenberger Kleinbahn". Sie führte von Eiringhausen aus ins Seitental der Öster. Zwei weitere Schmalspurbahnen gab es im Norden und Nordosten des Sauerlandes. Im Bereich der Stadt Arnsberg fuhr die 1911 auf Normalspur umgestellte „Ruhr-Lippe-Kleinbahn" und in der Nähe von Bestwig verkehrte die „Kleinbahn Steinhelle – Medebach" zwischen den beiden im Namen genannten Orten.

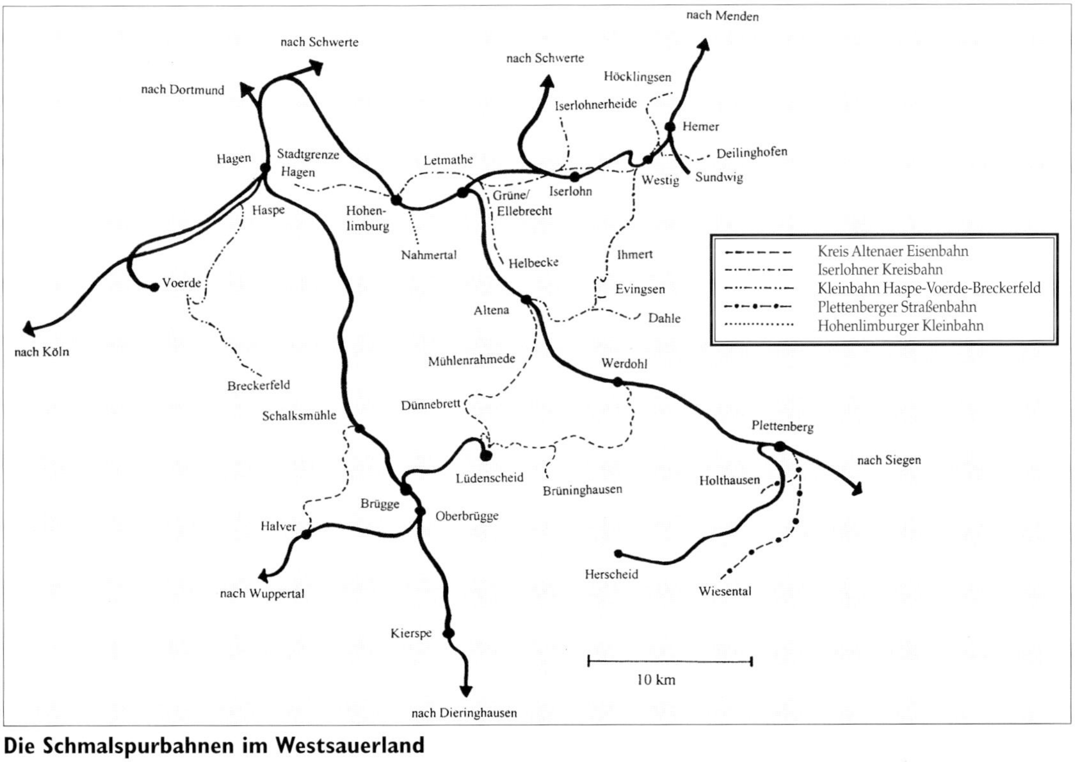


**Die Schmalspurbahnen im Westsauerland**

# Kreis Altenaer Eisenbahn (KAE) vormals Kreis Altenaer Schmalspurbahn (KAS)

In den engen Tälern des märkischen Sauerlandes hatte sich im vorigen Jahrhundert eine spezialisierte Kleineisenindustrie auf der Basis der Drahterzeugung entwickelt. Diese Betriebe, die ursprünglich selbst Draht hergestellt hatten und nun der Konkurrenz des Walzverfahrens weichen mussten, nutzten die Wasserkraft als Energiequelle und besaßen dadurch lange Zeit einen gewissen Standortvorteil. Mit dem zunehmenden Einsatz von Maschinen verloren die Fabriken rasch ihre Lagegunst gegenüber Betrieben an der Ruhr. Diese konnten einerseits leicht auf die zum Betrieb der Maschinen benötigte Kohle zurückgreifen, andererseits englisches Roheisen per Schiff und Bahn billiger beziehen als die Sauerländer, die sowohl das Siegerländer Eisen als auch die Kohle aus dem Ruhrgebiet teuer auf der Straße transportieren lassen mussten. Die Situation besserte sich erst, als das südwestliche Sauerland von Hagen aus durch Eisenbahnen in den Tälern von Lenne und Volme erschlossen wurde. Noch litten aber die Betriebe abseits der Bahnstrecken unter den ungünstigen Verkehrsverbindungen. Weder die Bergisch-Märkische Eisenbahn noch die KPEV (Königlich Preußische Eisenbahnverwaltung) hatten ein Interesse am Eisenbahnbau in den engen und verkehrsfeindlichen Seitentälern von Lenne und Volme, weil hier nur geringe Gewinnaussichten bestanden. So mussten die betroffenen Gebietskörperschaften und Privatinteressenten selbst die Initiative ergreifen.

Ende der siebziger Jahre des vorigen Jahrhunderts wurden in der Lokalpresse Pläne für eine Volme-Straßenbahn Brügge – Meinerzhagen diskutiert. 1880 änderte sich die ursprüngliche Zielsetzung: Unter der Bezeichnung „Volme-Verse-Straßenbahn" sollte die Planung einer schmalspurigen Eisenbahnverbindung zwischen Volme- und Lennetal durch die Täler von Elspe und Verse vorangetrieben werden. Außerdem sollte auch das Rahmedetal zwischen Lüdenscheid und Altena durch eine Bahnlinie erschlossen werden. Die vorgesehenen Bahnen sollten schmalspurig ausgeführt werden, da eine Normalspurbahn in den schmalen Tälern des märkischen Sauerlandes zahlreiche Kunstbauten und dadurch erheblich mehr finanzielle Aufwendungen erforderlich gemacht hätte. Außerdem wäre durch eine wegen der größeren Radien notwendigerweise geradlinigere Normalspurstrecke das Ziel aller Bemühungen, möglichst vielen Betrieben in den Tälern einen direkten Gleisanschluss zu ermöglichen, verfehlt worden. Nachdem strategische Bedenken des Kriegsministeriums zerstreut werden konnten, wurde im Juni 1881 die Konzession für eine schmalspurige Eisenbahn durch das Verse- und Volmetal erteilt. Allerdings geschah dies mit dem Vorbehalt der Verpflichtung eines normalspurigen Weiterbaus im oberen Volmetal, falls von Meinerzhagen aus in Richtung Derschlag weitergebaut werden sollte. Alternativ sollte die Strecke Brügge – Meinerzhagen abgetreten werden.

Die Spurweite wurde auf 750 mm festgesetzt, gebaut wurde das Netz der KAE allerdings später in Meterspur. In dieser Phase der Planung schloss sich die Stadt Halver den Diskussionen an, weil auch hier Interesse an einem Anschluss ans Eisenbahnnetz bestand. Nachdem man sich auf die Strecken Lüdenscheid – Brügge – Meinerzhagen, Lüdenscheid – Altena und Lüdenscheid – Werdohl festgelegt hatte, beschloss die Amtsversammlung am 3. Dezember 1883 zusätzlich den Bau der Bahn Schalksmühle – Halver durch das Tal der Hälver. Zur Ausführung gelangten die Projekte aber zunächst noch nicht, da es immer wieder Streit über die kostenlose Überlassung von Grund und Boden gab. Inzwischen hatte man auch den Teil der ursprünglichen Volme – Verse-Straßenbahn zwischen Lüdenscheid, Brügge und Meinerzhagen aufgegeben, weil im oberen Volmetal normalspurig gebaut werden sollte. Nach der sichergestellten Finanzierung brachte

das Jahr 1886 endlich die Entscheidung, die drei Bahnlinien Lüdenscheid – Altena, Augustenthal – Werdohl und Schalksmühle – Halver zu bauen.
Den Auftrag zum Bau aller Anlagen erhielt die Berliner Firma Soenderop & Co. Nach Fertigstellung der Vorarbeiten wurde der Oberbau vom 21. April 1887 an zwischen Lüdenscheid und Altena verlegt. Die landespolizeiliche Abnahme fand am 21. September 1887 statt, und am 1. Oktober 1887 konnte die Strecke dem Verkehr übergeben werden. Der erste Fahrplan der Altenaer Strecke sah 4 Zugpaare vor:

| | | | | |
|---|---|---|---|---|
| *ab Lüdenscheid* | *6.57* | *10.23* | *16.30* | *19.19* |
| *an Altena* | *7.57* | *11.23* | *17.30* | *20.19* |
| *ab Altena* | *9.13* | *12.41* | *18.08* | *21.27* |
| *an Lüdenscheid* | *10.13* | *13.41* | *19.08* | *22.27* |

Hinzu kamen noch je nach Bedarf bis zu sechs Güterzüge pro Tag.
Auf der 14,55 km langen Strecke waren folgende Stationen vorhanden:

| Bahnhöfe | Haltestellen | Haltepunkte |
|---|---|---|
| Altena | Steinerne Brücke | Städtisch Rahmede I |
| Lüdenscheid | Mühlenrahmede | Städtisch Rahmede II |
| | Zum Hohle | Altroggenrahmede |
| | Oberrahmede I | Dünnebrett |
| | Hardt | Oberrahmede II |

Die Personenzüge endeten vor dem Staatsbahnhof in Altena; dies war indes nicht das Streckenende. Zum Umsetzen der Lokomotiven mussten die Züge in den ersten Jahren weiterfahren in den einen Kilometer entfernten Bahnhof Hünengraben, wo sich auch Lokomotivschuppen, Behandlungsanlagen und Umladegleise zum Güteraustausch mit der Staatsbahnlinie Hagen – Siegen befanden. Um das umständliche Rangieren zwischen Hünengraben und Altena zu beenden, baute die KAS 1905 ein Umsetzgleis, das aber bei langen

**Ein Personenzug der KAE Anfang der fünfziger Jahre in der engen Ortsdurchfahrt von Werdohl**

Zügen nicht ausreichte, so dass die Lok den Zug vom Umsetzgleis aus mit einer Kette zurückziehen musste, um ans andere Zugende zu gelangen. Wegen der Behinderung des Straßenverkehrs wurde das Gleis in den letzten Betriebsjahren nicht mehr benutzt. Lokbespannte Züge mussten gegen Ende der fünfziger Jahre also wieder bis zum Bahnhof Hünengraben fahren.

Am 19. November 1887 ging auch die Strecke Werdohl – Augustenthal mit einer Länge von 10,59 km in Betrieb, auf der anfangs täglich zwei gemischte Zugpaare (Personen- und Güterbeförderung) und bis zu zwei Güterzüge verkehrten. Neben den Bahnhöfen Werdohl und Augustenthal richtete man die Haltestellen Kleinhammer, Eveking, Altemühle, Bärenstein und Trempershof ein. Außerdem gab es noch die Haltepunkte Versevörde und Fischersverse (im Oktober 1889 bereits wieder geschlossen). Auch die Werdohler Strecke endete nicht im Bahnhof Werdohl. Etwa 450 Meter hinter der Endstation der Personenzüge befand sich am Staatsbahnhof Werdohl der „Werdohler Kleinbahnhof", ähnlich wie in Hünengraben mit Lokschuppen, Behandlungsanlagen und Umlademöglichkeiten. Im Frühjahr des folgenden Jahres, am 23. Februar 1888, konnte schließlich die Strecke Halver – Schalksmühle abgenommen werden. Der Personen- und Güterverkehr wurde am 5. März 1888 eröffnet. Diese abseits des übrigen Streckennetzes gelegene 9,45 km lange Bahnlinie besaß im Eröffnungsjahr mit Halver und Schalksmühle zwei Bahnhöfe, während in Carthausen eine Haltestelle eingerichtet wurde. Von den beiden Haltepunkten Oeckinghausen und Linnepe wurde letzte bereits im Oktober 1889 wieder geschlossen. 29,39 der 38,53 km langen Gleisanlagen, davon 34,59 km Streckengleis und 3,94 km Nebengleise, verliefen auf öffentlichen Straßen, ein Umstand, der unserer Kleinbahn später zum Verhängnis werden sollte. Die extremen topographischen Bedingungen in den krümmungsreichen Tälern ließen aber einen finanzierbaren Bau auf eigenem Gleiskörper nicht zu. Für alle drei Strecken hatte die KAS zunächst 8 Dampflokomotiven, 15 Personenwagen, einen Gepäckwagen, 3 kombinierte Post-/Gepäckwagen, 54 offene und 19 gedeckte Güterwagen beschafft. Hinzu kamen drei Bahnmeisterwagen. Die Streckenhöchstgeschwindigkeit betrug 20 km/h für Personen- und 15 km/h für Güterzüge. An gefährlichen Stellen wie Straßeneinmündungen durfte sogar nur mit 6 km/h gefahren werden. Obwohl die heimische Industrie der eigentliche Nutznießer der Bahn war, nahm sie die neue Eisenbahn nur zögernd an und hoffte auf das Entgegenkommen der KAS, die anfänglich recht hohen Tarife zu senken. So gab es zu diesem Zeitpunkt lediglich drei Firmenanschlussgleise an der Altenaer und eines an der Schalksmühler Strecke. Erst als 1888 für Massengüter billigere Durchgangstarife für den Transport auf Lokal- und Staatsbahn in Kraft traten, ließen zahlreiche weitere Fabriken Anschlussgleise bauen. Eine bemerkenswerte Bahnanlage entstand während des Baus der Fuelbecke-Talsperre zwischen 1894 und 1897. Von Oberrahmede errichtete die Kleinbahngesellschaft ein 0,75 km langes Gleis zur Baustelle und verpachtete es an die ausführende Baufirma. Mit der Fertigstellung der Talsperre am 22. Mai 1897 wurde es überflüssig und folglich wieder entfernt.

Zur Zeit der Streckeneröffnung gab es in Altena, Werdohl und Schalksmühle Möglichkeiten zum Güteraustausch mit der Staatsbahn. Da aber der größte Teil der Güter von der Staatsbahn zur KAS wechselte und somit bergwärts befördert werden musste, tauchten 1899 Pläne für den Bau eines weiteren Umladebahnhofs unmittelbar hinter dem Lüdenscheider Staatsbahnhof auf. Außerdem sollte der Lüdenscheider Kleinbahnhof mit dem Bahnhof Augustenthal an der Werdohler Strecke verbunden werden.

Im Zusammenhang mit diesem Bauvorhaben war auch ein Abzweig nach Lüdenscheid-Bräucken mit einer möglichen Verlängerung nach Brügge im Volmetal ins Gespräch gekommen. Hier kam also das alte Projekt einer Volme-Verse-Straßenbahn wieder zum Vorschein.

**Ein Güterzug mit Personenbeförderung (GmP) der KAE im Versetal (Strecke Lüdenscheid – Werdohl)**

Die Generalversammlung der KAS beschloss am 19. September 1902 aber letztlich doch nur den Bau der 5,6 km langen Strecke Lüdenscheid – Augustenthal, die am 1. April 1905 eröffnet werden konnte.

Seit April 1903 liefen die Arbeiten an der Strecke vom Klein- zum Staatsbahnhof; das Verbindungsgleis wurde bereits ein Jahr später, am 11. April 1904, dem Verkehr übergeben.

Der am 1. April 1888 von Oberrahmede nach Altena verlegte Sitz der Gesellschaft wechselte am 1. Oktober 1904 nach Lüdenscheid, weil sich dieser Ort mehr und mehr zum Mittelpunkt des Unternehmens entwickelte. Neben dem Lüdenscheider Kleinbahnhof entstand ein neues Direktionsgebäude, das am 1. Mai 1907 bezogen wurde.

Im November gleichen Jahres begann der Bau einer neuen Betriebswerkstätte im Bereich der Station „Zum Hohle". Zwar gab es vorher schon Werkstattanlagen in Altena, Werdohl und Halver; deren Kapazitäten reichten aber angesichts des gewachsenen Verkehrsaufkommens nicht mehr aus. Die Anlagen wurden jedoch weiterhin für Wartungsarbeiten genutzt.

Die Züge der KAS, vom Volksmund inzwischen liebevoll „Schnurre" genannt, waren aus den Tälern von Rahmede, Verse und Hälver zu Beginn des Jahrhunderts nicht mehr wegzudenken. Nach dem Bau des Kraftwerks Elverlingsen bei Werdohl war 1912 sogar daran gedacht worden, zumindest die Altenaer Strecke zu elektrifizieren. Die Pläne wurden wegen des bald folgenden Kriegsausbruchs nicht weiter verfolgt, so dass die teure, langfristig aber sinnvolle Investition unterblieb.

In den ersten zehn Jahren unseres Jahrhunderts hatte der Verkehr auf den Strecken der KAS stetig zugenommen; lediglich die zunächst als rentabelste aller Linien eingestufte Hälvertalbahn erfüllte auf lange Sicht die in sie gesetzten Erwartungen nicht. Mit der am 1. Juli 1910 eröffneten Staatsbahnstrecke Oberbrügge – Halver erwuchs der Schmalspurbahn eine derart starke Konkurrenz, dass kurz vor dem Ersten Weltkrieg über eine Stilllegung des

Abschnitts Halver – Carthausen diskutiert wurde. Im Stückgutverkehr sank das Transportaufkommen von 451 t auf 144 t, bei Wagenladungen war der Einbruch mit 378 t gegenüber 3170 t noch gravierender. Auch der Personenverkehr verzeichnete mit 998 beförderten Personen gegenüber 5550 im Jahr vor Inbetriebnahme der Staatsbahnstrecke einen dramatischen Rückgang, wodurch ein Defizit von 7800 Mark pro Jahr entstand. Der Kriegsausbruch verhinderte zwar zunächst die geplante Stilllegung, der Zugverkehr ruhte aber zwischen dem 1. und 28. August 1914 vollständig und wurde danach nur in bescheidenem Umfang wieder aufgenommen. Ebenso musste der Betrieb während des Krieges auf den anderen Strecken wegen Personalmangels und nicht ausreichender Betriebsmittel eingeschränkt werden. Der Personenverkehr nahm im letzten Kriegsjahr gegenüber 1913/14 sogar um etwa 10 Prozent zu und stieg auf über eine Million beförderte Personen. Nach dem ersten Weltkrieg blieb die Strecke von Halver nach Schalksmühle das Sorgenkind der KAS, und so ist es nicht verwunderlich, dass die Stilllegungspläne der Vorkriegszeit wieder aufgegriffen wurden. Das Reichsverkehrsministerium bestand aber im November 1921 auf der Fortführung des Personen- und Güterverkehrs zwischen Carthausen und Halver. Es verlangte darüber hinaus die Instandsetzung der Gleisanlagen. Da dafür keinerlei finanzielle Mittel zur Verfügung standen, gab die KAS bekannt, ab dem 1. Februar 1922 den Gesamtverkehr auf dem Streckenabschnitt Oeckinghausen – Halver und den Personenverkehr zwischen Oeckinghausen und Schalksmühle einzustellen. Auf Anordnung der Aufsichtsbehörde musste der Güterverkehr jedoch aufrechterhalten werden. Schließlich kam es aber am 1. Juli 1922 doch zur Einstellung des Verkehrs; die Station Halver wurde vorläufig geschlossen. Nachdem im Jahre 1924 das Amt Halver ein Darlehen zur Instandsetzung der Strecke gewährt hatte, wurde die Strecke zwischen Schalksmühle und Carthausen am 22. April 1925 und das Reststück am 5. August 1925 unter großer Anteilnahme der Bevölkerung und der heimischen Prominenz erneut eröffnet.

Inzwischen waren die meisten Aktien, die Anfang der zwanziger Jahre weitgehend von Berliner Banken gehalten worden waren, wieder in kommunalen Besitz gelangt. Auch Privatleute aus dem Raum Lüdenscheid hatten einen Teil der Aktien erworben, so dass die Kontrolle über das Unternehmen wieder im Sauerland ausgeübt werden konnte. Um die heruntergewirtschafteten Strecken zu sanieren, erhöhte die Kleinbahngesellschaft am 2. November 1922 unter Mithilfe des Elektrizitätswerks Mark das Aktienkapital von 2,1 Millionen auf 14,7 Millionen Mark und änderte den Namen der Gesellschaft. Fortan hieß das Unternehmen „Kreis Altenaer Eisenbahn-Aktiengesellschaft" (KAE). Nach der Inflation wurde das Aktienkapital auf 1,47 Millionen Mark neu festgesetzt. Davon befanden sich 1,162 Millionen Mark in öffentlicher Hand, der Rest in privatem Besitz. Einer der privaten Aktienbesitzer war Peter Robert Plate, der in Brüninghausen im Versetal ein Stahlwerk betrieb und dessen Erzeugnisse bisher mit Pferdefuhrwerken zur Station Augustenthal der KAE transportiert worden waren. Lange Zeit hatte er auf eine Staatsbahnlinie Lüdenscheid – Herscheid gehofft, die vor dem ersten Weltkrieg ernsthaft diskutiert worden war und in der Nähe des Stahlwerkes verlaufen wäre. Nachdem sich diese Pläne in der Nachkriegszeit zerschlagen hatten, ließ er einen Anschluss seines Werkes an die KAE herstellen. Die am 1. Mai 1925 von der Firma Orenstein & Koppel begonnenen Arbeiten waren ein halbes Jahr später beendet, so dass die 2,5 km lange Anschlussstrecke im November 1925 in Betrieb gehen konnte. Sie diente wie die Verbindungsbahn Schafsbrücke – Wehberg zeit ihres Bestehens ausschließlich dem Güterverkehr und war die letzte Neubaustrecke der KAE.

Zwischen den Weltkriegen entwickelte sich das Unternehmen parallel zu den wirtschaftlichen Verhältnissen in Deutschland. Während der Wirtschaftskrise zu Beginn der dreißiger Jahre

**Die letzten Wagen auf der Strecke Altena – Lüdenscheid werden am 26. August 1961 in Richtung Lüdenscheid transportiert (Altena-Wacholderbrücke)**

sank das Güterverkehrsaufkommen auf 108 379 t (1927: 258 005 t). Auch im Personenverkehr war die Rezession deutlich spürbar. Während 1929 noch 1 867 020 Personen befördert wurden, sank die Nachfrage vier Jahre später auf 1 069 244 Fahrgäste. Im Laufe der folgenden Jahre, während der NS-Diktatur, besserten sich die Ertragslage des Unternehmens wieder. Mit dem Beginn des Zweiten Weltkriegs mangelte es wiederum an Personal und Ersatzteilen. Trotzdem erreichte der Personenverkehr in diesen düsteren Jahren Beförderungszahlen, die lediglich im Jahr 1956 annähernd erreicht wurden. Von 1939, als 1 847 381 Personen befördert wurden, stieg die Beförderungsleistung auf 3 875 441 im Jahre 1944 an. Unter Kriegseinwirkungen hatten die Strecken der KAE unterschiedlich zu leiden. Sachschäden entstanden vor allem auf der Linie Lüdenscheid – Werdohl, da dort sowohl Gleisanlagen als auch Befestigungswerke in Mitleidenschaft gezogen worden waren. Auf der Strecke nach Altena dagegen waren die baulichen Anlagen intakt geblieben, hier gab es aber nach einem sinnlosen Tieffliegerangriff am 28. März 1945 zwischen Altroggenrahmede und Mühlenrahmede 36 Tote zu beklagen. Am 12. April 1945 wurde der Betrieb auf den Strecken der KAE eingestellt. Bereits zwei Monate später, am 18. Juni 1945, konnte der Zugverkehr auf den beiden von Lüdenscheid ausgehenden KAE-Bahnlinien in bescheidenem Umfang wieder aufgenommen werden; die Hälvertalbahn folgte am 28. Dezember 1945.

Nach dem Krieg, insbesondere nach der Währungsreform, nahm der Verkehr auf den Strecken der KAE zu, wenn auch das Güterverkehrsaufkommen hinter den Erwartungen zurückblieb; die Konkurrenz durch Lastwagen machte sich bereits deutlich bemerkbar. War die Bahn früher stark auf den Güterverkehr fixiert, nahm die Bedeutung der Personenbeförderung für das Unternehmen nun zu.

Über die Hälfte aller Fahrgäste wurde im letzten Drittel der Betriebszeit befördert. Dies ist um so bemerkenswerter, als diese Beförderungsleistung wegen der Einstellung des Personenverkehrs im Jahre 1961 auf einen

**Ein Güterzug, gezogen von der Lok 21 im Versetal zwischen Augustenthal und Lüdenscheid (Mai 1961)**

Zeitraum von nur 20 Jahren entfällt und zwischen 1955 und 1961 Personenverkehr nur noch zwischen Lüdenscheid und Altena durchgeführt wurde.

Problemstrecke der KAE blieb auch nach dem Zweiten Weltkrieg die Hälvertalbahn, auf der zufriedenstellende Betriebsergebnisse nicht mehr zu erzielen waren. Anlass für die Einstellung des Personenverkehrs zwischen Halver und Schalksmühle im Dezember 1949 war u.a. eine schadhafte Brücke, die aus Sicherheitsgründen für den Personenverkehr nicht mehr zugelassen werden konnte. Bereits gut ein Jahr später ersetzte man am 20. März 1951 den einzigen Güterzug durch einen LKW. Der unwiderruflich letzte Güterzug fuhr am 25. Juli 1952 durch das Hälvertal, und mit Inkrafttreten der Annahmesperre am 21. August 1952 wurde der Betrieb nach 64 Jahren und 5 Monaten endgültig eingestellt.

Auf den beiden verbliebenen Strecken bemühte sich das Unternehmen nun, den Betrieb rentabler zu gestalten. Im Güterverkehr führte die KAE als erste Schmalspurbahn in der Bundesrepublik Deutschland den sogenannten „Von-Haus-zu Haus-Verkehr" ein, bei dem Großbehälter von der Bundesbahn direkt auf die Wagen der KAE umgeladen werden konnten. Außerdem plante die Direktion, den Personenverkehr zukünftig mit Dieseltriebwagen durchzuführen.

Trotzdem war die Situation wegen des rückläufigen Güteraufkommens und der gestiegenen Personalkosten bedrohlich geworden, und so bemühte sich die Gesellschaft um eine Erhöhung des Aktienkapitals. Nach Ablehnung dieser Forderung durch den Kreistag stellte die KAE am 13.April 1953 alle Zahlungen ein und beantragte einen gerichtlichen Vergleich. Gleichzeitig betrieb man beim Minister für Wirtschaft und Verkehr des Landes Nordhein-Westfalen das Stilllegungsverfahren für die Strecken nach Altena und Werdohl. Gegen diese Stilllegungsabsichten regte sich nun starker Widerstand. Industrie- und Handelskammer, IG Metall und die betroffenen Eisenbahner protestierten gegen den

**Lok 21 mit dem bereits auf S.115 abgebildeten Zug am 21. 8. 1961 in Altena-Steinerne Brücke**

Kreistagsbeschluss. Nach längerem Hin und Her einigten sich die Beteiligten schließlich auf einen Kompromiss, der zwar nicht ohne Stilllegungen auskam, dem restlichen Streckennetz aber das längerfristige Überleben sichern sollte:

- *Einstellung des Schienenpersonenverkehrs zwischen Werdohl und Augustenthal, Anmietung von Omnibussen des „Kraftverkehrs Mark Sauerland" zur Aufrechterhaltung des Personenverkehrs auf dieser Strecke.*
- *Verlagerung des Güterverkehrs auf derselben Strecke von der Schiene auf die Straße zum Fahrplanwechsel im Herbst 1955.*
- *Umstellung des Personenverkehrs auf der Strecke Lüdenscheid – Altena auf gemischten Triebwagen- und Omnibusverkehr.*

Auf diese Weise konnte eine Einstellung des gesamten Eisenbahnverkehrs zunächst abgewendet werden. Der Personenverkehr auf der Schiene wurde allerdings am 22. 5. 1955 auf der Werdohler Strecke eingestellt und dann bis zum 31. 7. 1956 mit Bussen durchgeführt. Danach übernahm die „Kraftverkehr Mark Sauerland" die Linie. Bereits kurze Zeit später wurde mit dem Gleisabbau begonnen. Auf der Strecke nach Altena kamen ab Herbst 1955 zwei Triebwagen zum Einsatz. Im Spitzenverkehr morgens und abends verkehrten aber bis zum Mai 1959 weiterhin dampfgeführte Personenzüge. Danach übernahmen ausschließlich Triebwagen und Omnibusse den Personenverkehr im Rahmedetal. Dass zwei Jahre später dann das endgültige Aus für die Strecke Lüdenscheid – Altena kam, war eine logische Konsequenz aus den Ergebnissen eines Gutachtens der Landesplanungsgemeinschaft Westfalen zu den Verkehrsverhältnissen im damaligen Kreis Altena, wobei auf die Lage der KAE besonders Bezug genommen wurde. Das Gutachten stellte fest, dass die Schmalspurbahn zwar eine wichtige Rolle im Personenverkehr spiele, 80 Prozent der Fahrgäste aber zu Sozialtarifen befördert würden. Außerdem sei der Güterverkehr auf ein Drittel des Vorkriegswertes gesunken, eine wesentliche Steigerung sei nicht mehr zu erwarten. Zudem behindere die Eisenbahn auf der Landstraße nach Altena den zunehmenden Kraftfahrzeugverkehr in erheblichem Umfang, so dass eine Verlagerung des gesamten Verkehrsaufkommen auf Busse und Lastkraftwagen vorgeschlagen wurde. Aus diesem Grunde beschloss das Unternehmen im Jahre 1960 die Gesamtstilllegung der Strecke Lüdenscheid – Altena. Der letzte Triebwagen fuhr am 28. Mai 1961; der Güterverkehr war bereits am 14. Februar 1961 eingestellt worden. Zum letzten Mal dampfte es am 26. August 1961 im Rahmedetal, als Lok 21 einige noch in Altena – Hünengraben abgestellte Wagen abtransportierte. Im Laufe des nächsten Jahres verschwanden die Gleisanlagen. Der KAE-Schienenverkehr beschränkte sich nun auf die Strecke Brüninghausen (Stahlwerk Plate) – Schafsbrücke – Lüdenscheid (Wehberg). Der verbliebene Güterverkehr wurde mit drei Dampfloks und einigen Güterwagen abgewickelt. Ein Grund für die Stilllegung der Altenaer Strecke, die Behinderung des Straßenverkehrs, betraf hier nur die Streckenstücke vom Abzweig Schafsbrücke bis zur Worth und von der heutigen Autobahnbrücke über die Werdohler Landstraße bis Augustenthal, die restliche Strecke verlief auf eigenem Gleiskörper. Auch war die Anzahl der Zugfahrten gering, so dass zwar von der Autofahrerlobby keine Gefahr drohte, das relativ geringe Verkehrsaufkommen aber letztlich den Weiterbetrieb auch nicht rechtfertigen konnte. So war die Entbindung von der Betriebspflicht zum 1. April 1967 nicht verwunderlich. Gelegentlich verkehrten danach noch Züge zwischen dem Wehberg und Brüninghausen, bis am 22. Mai 1967 die endgültig letzte Zugfahrt der „Kreis Altenaer Eisenbahn" stattfand, 80 Jahre nach Gründung des Unternehmens. Die ungemein wichtige Rolle der Bahn für die industrielle Entwicklung des Raumes Lüdenscheid zeigt sich auch heute noch in einem erstaunlich hohen Identifikationsgrad besonders der älteren Bevölkerung mit der Bahn. Eine Ausstellung zur Geschichte der Bahn im Museum der Stadt Lüdenscheid lockte im Oktober und November 1993 über 6000 Besucher an.

**Ein Zug der KAE bezwingt die Steigung zwischen Schafsbrücke und dem Übergabebahnhof Wehberg in Lüdenscheid (3. Juni 1964)**

**Die Bevölkerung nimmt Abschied von der „Schnurre". Dampfzug und Triebwagen im Bahnhof Steinerne Brücke in Altena (26. August 1961)**

Der Fahrbetrieb auf den Strecken der KAE wurde bis auf die letzten Jahre ausschließlich mit Dampflokomotiven abgewickelt, von denen die Gesellschaft im Laufe ihrer achtzigjährigen Geschichte 25 besaß. Es handelte sich ausschließlich um Dreikuppler, Lok 10 und 11 hatten noch eine hintere Laufachse, während Nr. 12 und 3 (Zweitbesetzung) mit einer vorderen Laufachse ausgerüstet waren. Hersteller war meist die Firma Hohenzollern, die Loks mit Laufachsen kamen von Hagans (Nr. 10/11) und Freudenstein (Nr. 11/12). Außerdem besaß die KAE auch je zwei Loks der Firmen Borsig (Nr. 20/21) und Jung (Nr. 22/23). Bemerkenswert ist, dass bis auf die Lokomotiven 20 bis 25 alle Maschinen Namen hatten.

Im Jahre 1955 bestellte die Gesellschaft bei Talbot in Aachen zwei Dieseltriebwagen (VT 1/VT 2), die mit je zwei 145 PS starken Motoren und Scharfenbergkupplung ausgerüstet waren. Die Fahrzeuge mit den Fabriknummern 97 519 und 97 520 wurden am 6. September 1955 geliefert und kamen wegen der bis dahin schon erfolgten Streckenstilllegungen nur noch für sechs Jahre auf der Rahmedetalbahn zum Einsatz. Da die Haltestellen auf dieser Strecke immer auf derselben Seite lagen, waren die Triebwagen nur einseitig mit Türen ausgerüstet. Passend zu den Motorwagen hatte die Gesellschaft in der eigenen Betriebswerkstatt fünf Beiwagen (VB 1–5) aus ehemaligen Personenwagen herstellen lassen, zwei davon wurden im Aufbau den Talbot-Triebwagen nachempfunden.

Für die letzten zwei Jahre des Güterverkehrs kaufte man schließlich im Herbst 1965 von der Herforder Kleinbahn die 1959 von der Ruhrtaler Maschinenfabrik gebaute Diesellok V 15.

Der Beschaffungszeitraum bei den Personenwagen reicht von der Eröffnungszeit der Bahn bis ins Jahr 1930; über die ersten Fahrzeuge ist aber wenig bekannt. Immerhin weiß man, dass das Unternehmen in den ersten Jahren elf Vierachser und fünf Zweiachser besaß, die an den Stirnseiten Plattformen aufwiesen. Diese überwiegend bei der Firma Killing in Hagen gebauten Fahrzeuge sind in zwei Wellen 1905 bis 1910 und 1925 bis 1929 ausgemustert worden. Sie besaßen wahrscheinlich die Betriebsnummern 1 bis 16, die später wieder an jüngere Waggons vergeben wurden. Mit einer Ausnahme hat das Kleinbahnunternehmen danach bis 1925 ausschließlich Drehgestellwagen in Dienst gestellt. Zwischen 1925 und 1930 kamen dann weitere acht Zweiachser hinzu, so dass die KAE von 1930 bis 1958 über 13 vierachsige und neun zweiachsige Personenwagen verfügte, deren Betriebsnummern von 1 bis 35 reichten. Die Nummern 9, 10, 12 und 16 bis 25 waren zu diesem Zeitpunkt schon nicht mehr besetzt. Fünf Personenwagen wurden in den letzten Betriebsjahren noch umgebaut: Um die Triebwagenzüge auf der Rahmedetalbahn verstärken zu können, erhielten die vierachsigen Wagen 30, 33 und 6 in den Jahren 1959 und 1960 Scharfenbergkupplungen. Farblich passte man die Wagenkästen den Talbot-Triebwagen an. Sie bekamen die neuen Bezeichnungen VB 3, VB 4 und VB 5. Ebenfalls 1960 setzten Mitarbeiter der Werkstatt „Zum Hohle“ auf die Fahrgestelle der Wagen 14 und 15 neue Wagenkästen, die denen der Triebwagen glichen. Diese Wagen liefen nun als VB 1, und VB 2. Alle 22 Personenwagen waren 1961 noch vorhanden, der größte Teil von ihnen ist in den folgenden Jahren aber verschrottet worden. Die VB 1, 2, 4 und 5 dagegen konnten veräußert werden und taten später bei der Inselbahn Langeoog Dienst.

Wegen der Dominanz des Güterverkehrs hat die KAE immer mehr Güterwagen als Fahrzeuge für den Personenverkehr vorgehalten. Ein Spitzenwert wurde im Jahr 1913 mit 257 Einheiten erreicht, aber selbst Mitte der fünfziger Jahre verfügte das Unternehmen noch über fast 200 Güterwagen. Geliefert wurden sie von der Waggonfabrik Uerdingen, von den beiden Dortmunder Unternehmen Both & Tillmann und der Westfälischen Union, von Killing in Hagen und der Firma Lindner aus Ammendorf bei Halle (Saale). Über die Güterwagen der ersten Jahrzehnte ist heute kaum noch etwas bekannt. Nach dem Zweiten Weltkrieg waren aus der Zeit vor der Jahrhundertwende nur noch die beiden Flachwagen Nr. 133 und 134 vorhanden. Es ist aber sicher, dass die übrigen Güterwagen älteren Baudatums Nummern unter 300 trugen, denn alle ab 1905 beschafften Einheiten hatten höhere Wagennummern. Die Nummern 301 bis 400 waren den gedeckten Wagen vorbehalten, die bis auf sieben Stück zweiachsig ausgeführt waren.

Aus dem Nummernschema heraus fielen zwei gedeckte Privatwagen. Nr. 1303 war ein vierachsiges Fahrzeug der Firma Mayweg in Mühlenrahmede. Der andere Privatwagen war zweiachsig ausgeführt und trug die Nummer 1305. Er gehörte der Firma Baukhage in Augustenthal.

Die offenen Güterwagen waren ausnahmslos zweiachsig und erhielten Nummern zwischen 423 und 558 (mit Lücken). Daneben gab es einige Flachwagen, von denen nach 1945 noch 17 Stück vorhanden waren. Fünf dieser Fahrzeuge besaßen Drehgestelle. Es handelte sich um elf Rungen- und sechs Langholzwagen mit abnehmbaren Drehschemeln. Die Numerierung war unsystematisch: Zwar waren zwölf Fahrzeuge von Nummer 800 bis 811 eingereiht, daneben gab es aber auch die Nummern 450 bis 452 und die beiden erwähnten Flachwagen aus der Eröffnungszeit.

Als vierte Gruppe sind die Spezialwagen zu nennen, von denen die KAE zwölf zweiachsige Exemplare besaß. Sie erhielten die Nummern 1501 bis 1514, wobei die Nummern 1508 und 1509 unbesetzt blieben. Bei diesen Fahrzeugen handelte es sich meist um Bahndienstwagen, die zur Aufrechterhaltung des Betriebs notwendig waren. So wurden, bedingt durch die früher in unserer Heimat doch recht rauhen Winter, zwei Schneepflüge und ein Salzstreuwagen vorgehalten. Daneben verfügte die

**Lok 15 der KAE rangiert am 14. Juli 1965 im Bahnhof Augustenthal. Keine zwei Jahre sind der Schmalspurbahn mehr beschieden...**

Bahn über einen Kranwagen mit 4,9 kN Tragkraft und den zugehörigen Schutzwagen. Für den Transport von Teer, Säure und Benzin gab es drei Kessel- und einen Säuretopfwagen. Schließlich kamen noch ein Sprühwagen für die Schädlingsbekämpfung und zwei Geräte- und Mannschaftswagen hinzu. Der Beschaffungszeitraum der erwähnten Güterwagen erstreckte sich von 1905 bis 1937. Danach ist kein weiterer Güterwagen mehr gekauft worden, weil die Bedeutung des Güterverkehrs wegen der automobilen Konkurrenz abnahm.
Neben der Beförderung von Stück- und Massengütern bot die KAE mit ihren Bahnpostwagen einen Service besonderer Art an. In die Fahrzeuge eingeworfene Briefsendungen wurden sofort sortiert und, sofern der Zielort an der Strecke lag und über einen eigene Poststation verfügte, gleich wieder ausgeladen. Bei den verwendeten Fahrzeugen handelte es sich um zweiachsige kombinierte Post-/Gepäckwagen, von denen das Unternehmen immer mehrere vorhielt. Aus dem Rahmen fiel der Wagen Nr. 5, der im Gegensatz zu allen anderen vierachsig ausgeführt war und zusätzlich über Abteile für die Personenbeförderung verfügte. Dieses Fahrzeug ist wahrscheinlich 1902 gebaut und, mit neuem Wagenkasten versehen, als Personenwagen 5 bis zum Schluss vorhanden gewesen. In den letzten Jahrzehnten ihres Bestehens besaß die Bahn vier Post-/Gepäckwagen, die zwischen 1922 und 1929 gebaut worden waren. Sie wurden unter den Nummern 39 bis 41 und 45 geführt. Daneben gab es noch zwei reine Gepäckwagen, die in den zwanziger Jahren in der Werkstatt „Zum Hohle" aus gedeckten Güterwagen entstanden waren. Sie liefen unter den Nummern 42 und 43. Ein möglicher

weiterer Wagen mit der Nummer 44 ist vermutlich schon 1929 ausgemustert worden.
Gleise und Bahnanlagen der KAE sind längst verschwunden, und an den ehemaligen Strecken erinnert kaum noch etwas an die schmalspurige Eisenbahn, so manches Fahrzeug aber hat die 30 Jahre nach der Stilllegung überstanden. Allein drei Dampflokomotive blieben der Nachwelt erhalten. Während Lok 13 CARL als Denkmal vor dem Altenaer Bahnhof vor sich hin rostet, erhielt Lok 22, gründlich restauriert, zusammen mit dem vierachsigen Personenwagen Nr. 7 und den beiden Güterwagen Nr. 335 und 812 einen Ehrenplatz in der Eingangshalle des Lüdenscheider Museums, nachdem auch diese Fahrzeuge jahrelang im Freien den Witterungseinflüssen ausgesetzt waren. Lok 15 HERMANN ist sogar betriebsfähig erhalten geblieben. Der DEV in Bruchhausen-Vilsen bei Bremen kaufte die 1967 ausgemusterte Lok im Jahre 1968, konnte sie aber erst zehn Jahre später bei der Firma Jung aufarbeiten lassen. Der DEV übernahm außerdem die Personenwagen Nr. 3 und 32, drei Güterwagen und den ehemaligen Privatbahnwagen Nr. 1303 der Firma Mayweg. Die Diesellok V 15 ging zur Industriebahn Warsage/Trembleur in Belgien. Heute fährt sie bei einer dortigen Museumsbahn, Sauerländer Eisenbahnfreunde riefen aber im Oktober 1997 zu einer Spendenaktion auf, die eine Rückkehr der einzigen KAE-Diesellok ins Sauerland ermöglichen soll. Die Triebwagen konnten 1961 veräußert werden. VT 1 lief zusammen mit den Beiwagen VB 1, 2, 4 und 5 bald bei der Inselbahn Langeoog, während VT 2 zunächst zur Juister Inselbahn kam, seit 1982 aber ebenfalls auf Langeoog fuhr. Inzwischen haben die Harzer Schmalspurbahnen die Triebwagen erworben. Die Fahrzeuge wurden zunächst im AW Halberstadt aufgearbeitet und erhielten dabei eine geänderte Kupplung. Außerdem mussten auch auf der anderen Seite des Wagenkastens Türen eingebaut werden. Durch den Kauf zerschlugen sich zunächst die Pläne der „Märkischen Museumseisenbahn" in Hüinghausen, ein

**Lok 15 (vorn) und 21 im Übergabebahnhof Wehberg in Lüdenscheid (um 1964)**

**In Schafsbrücke mussten die Güterzüge von Augustenthal „Kopf machen", um den Übergabebahnhof Wehberg erreichen zu können (3. Juni 1964)**

originales KAE-Triebfahrzeug zurück in den Märkischen Kreis zu holen. Seit Herbst 1997 aber ist bekannt, dass die HSB zum Verkauf an die Märkische Museums-Eisenbahn bereit ist, sobald sie selbst über Neubautriebwagen verfügen. Zum Bestand der Sauerländer Museumsbahn zählen bereits die KAE-Wagen 384 und 387 von 1934 und die Wagen 392 und 394 von 1937, der Rungenwagen 811 von 1934 und die Kesselwagen 1311 und 1313.

In den Tälern von Hälver, Rahmede und Verse selbst ist nicht viel von der „Schnurre" übriggeblieben. Einige Gebäude haben überlebt, so das Direktionsgebäude in Lüdenscheid an der Altenaer Straße (ehemalige Polizeistation), unterhalb davon, auf dem Tankstellengelände, ein ehemaliges Betriebsgebäude, weiterhin das Stationsgebäude von Mühlenrahmede und auch der Tunnel in Altena. Der Bahnhof in Halver musste in den achtziger Jahren einer Straße weichen. Da die Gleise meist im Straßenplanum verlegt waren, lässt sich der Streckenverlauf ohne Kartenmaterial heute kaum noch verfolgen. Zwischen Oeckinghausen und Halver-Eichholz hat die Stadt Halver die alte Bahntrasse in einen Wanderweg umgewandelt. Oberhalb der B 229 in Oeckinghausen ist der ehemalige Bahndamm deutlich erkennbar. Auch in Lüdenscheid-Worth, wo der Abstieg ins Schlittenbachtal begann, wurde die Strecke in einen Fußweg umgewandelt. Hinter einem Verbrauchermarkt kann man dort auch heute noch auf einem Teilstück die Linienführung verfolgen.

## Die Iserlohner Kreisbahn (IKB) vormals Westfälische Kleinbahnen AG

Als in der zweiten Hälfte des vorigen Jahrhunderts die urbane Bevölkerung infolge der Industrialisierung stark zunahm, setzte, durch das Wachsen der Städte bedingt, auch die Trennung von Wohn- und Arbeitsstelle ein, verbunden mit der entsprechenden Nachfrage nach innerstädtischen Transportmöglichkeiten. In großen Städten und Verdichtungsräumen reagierte man zunächst mit dem Bau von Pferdebahnen, die aber schnell an ihre Leistungsgrenzen stießen und schon bald von elektrischen Straßenbahnen abgelöst wurden. Werner von Siemens hatte 1881 die erste Bahnlinie dieser Art vom Bahnhof Großlichterfelde bis zur dortigen Kadettenanstalt gebaut. In der Folgezeit folgten weitere Sraßenbahnlinien in Berlin und anderen Städten. Auch der Kaufmann Carl Fricke aus Bochum wollte in dieses zukunftsträchtige Verkehrsmittel investieren und gründete deshalb in seiner Heimatstadt am 25. Januar 1899 die „Westfälische Kleinbahnen AG". Die Gesellschaft plante ein ausgedehntes Netz von Klein- und Straßenbahnen im westfälischen Raum, unter anderem auch im nordwestlichen Sauerland. Zwischen Hagen-Eppenhausen und Hemer entstand in den Jahren von 1900 bis 1912 eine als Straßenbahn konzessionierte meterspurige Strecke mit mehreren Seitenlinien. Die zweite Linie der Gesellschaft, die in Westig bei Hemer von der zuerst genannten Linie abzweigt und nach Altena ins Lennetal führte, war als Kleinbahn (Eisenbahn Westig-Ihmert-Altena) konzessioniert, wurde im Personenverkehr aber ebenfalls mit Straßenbahnfahrzeugen befahren. Den Güterverkehr wickelte die Bahngesellschaft mit elektrischen Lokomotiven und Rollwagen ab. Auch hier gab es zwei kurze Zweiglinien.

Am Bau des Streckenstücks von Letmathe nach Iserlohn hatte neben Fricke auch eine andere Gesellschaft, die 1898 gegründete „Continentale Eisenbahn-Bau- und Betriebsgesellschaft Berlin", Interesse. Zunächst erhielt die „Continentale" die Konzession für die Strecke Iserlohn – Letmathe, Fricke sollte sich mit der Anschlussstrecke Hohenlimburg – Hagen begnügen. Im Streit der beiden Kontrahenten siegte schließlich die Gesellschaft des Bochumer Kaufmanns Fricke, der nun beide Konzessionen besaß und später auch das Verbindungsstück zwischen Hohenlimburg und Letmathe baute. Zuerst konnte am 5.August 1900 die Strecke zwischen Hagen und Hohenlimburg (6,07 km) eröffnet werden, die sich auf eigenem Gleiskörper neben der Provinzialstraße befand. Bei Betriebseröffnung standen je vier zwei- und vierachsige Triebwagen zur Verfügung, die bei Bedarf durch vier Beiwagen verstärkt werden konnten.

Im Jahr darauf folgte die 7,58 km lange Linie zwischen Letmathe und Iserlohn Ostbahnhof (Eröffnung 03. 03. 1901) mit einem 3,2 km langen Streckenast von Grüne nach Nachrodt (Eröffnung 10. 03. 1901). Das dazwischen liegende Streckenstück konnte noch nicht mit einbezogen werden, weil die Lennebrücke in Hohenlimburg erst umgebaut werden musste. Die Stromversorgung der Bahn übernahm ein Dampfturbinenkraftwerk in Hohenlimburg, 1902 und 1904 kamen zwei weitere in Untergrüne und Grüne hinzu. Diese Kraftwerke arbeiteten bis 1911, als der Stromerzeuger „Elektromark" über ein Umformwerk in Grüne die Stromversorgung der Bahn übernahm.

In den ersten fünf Betriebsmonaten bis zur Jahreswende 1900/1901 beförderte die Straßenbahn zwischen Hohenlimburg und Hagen fast eine Viertelmillion Menschen und verkehrte auf dem anderen Streckenstück, zwischen Iserlohn und Obergrüne, bereits 1903 im 10-Minuten-Takt.

Schon am 24. 12. 1902 konnte das Netz der Westfälischen Kleinbahnen mit der Eröffnung der innerstädtischen Iserlohner Linie Unnaer Straße-Hagener Straße erweitert werden. Drei Jahre später wurde die Lücke zwischen Hohenlimburg und Letmathe geschlossen (17. 12. 1905). Durchgehender Fahrbetrieb bis Hagen-Eppenhausen war trotzdem nicht mög-

**Ein Triebwagen der Iserlohner Kreisbahn in Grüne/Ellebrecht**

lich, da die Staatsbahn die planmäßige Überquerung der niveaugleichen Kreuzung mit der Staatsbahnstrecke Hagen – Siegen in Hohenlimburg nicht gestattete.
1906 änderten sich die Eigentumsverhältnisse. Das „Rheinisch-Westfälische Elektrizitätswerk" (RWE) erwarb 60 % der Aktien und verfügte damit über die Mehrheit im Unternehmen. Bereits während des ersten Weltkriegs versuchte das RWE aber, die Aktien an die Stadt Iserlohn zu veräußern, der aufzuwendende Geldbetrag war aber für die Stadt offensichtlich zu groß. Dafür erwarben die Landkreise Iserlohn und Altena in den zwanziger Jahren Anteile an der „Westfälischen". Da das RWE bis 1935 seinen gesamten Aktienbesitz abgestoßen hatte, wurde schließlich auch der Name des Unternehmens in „Iserlohner Kreisbahn" umgeändert (28. 7. 1942).
Noch vor dem ersten Weltkrieg wurde die Straßenbahnlinie nach Osten bis Höcklingsen schrittweise erweitert. Vom Iserlohner Ostbahnhof aus konnte vom 26. 03. 1908 an bis Hemer Amt gefahren werden, die beiden anderen Abschnitte bis Niederhemer bzw.Höcklingsen folgten am 03. 08. 1911 und 18. 05. 1912. Im selben Jahr ließ die Kleinbahn auch die in Grüne beginnende Zweigstrecke über Nachrodt hinaus nach Einsal verlängern (Eröffnung: 10. 11. 1912). Wann dieser Streckenast um 660 m bis Helbecke verlängert wurde, ist unklar, wahrscheinlich aber zeitgleich mit dem Abschnitt Nachrodt – Einsal. Am östlichen Rand des Netzes wurde noch vor dem ersten Weltkrieg eine weitere Zweiglinie von Hemer aus in Richtung Deilinghofen eröffnet, dessen letztes Stück von Sundwig Post nach Deilinghofen am 11. 11. 1913 in Betrieb ging. Während des ersten Weltkriegs entstand 1916 noch eine weitere Zweiglinie von Iserlohn Bahnhof nach Iserlohnerheide (4,169 km), die aber zunächst von der Stadt Iserlohn betrieben wurde. Hauptzweck war die Anbindung des Städtischen Gaswerks, die Transportmengen anderer angeschlossener Betriebe waren vergleichsweise gering. Die sogenannte „Iserlohner

Güterbahn" ging erst am 1. Oktober 1929 in den Besitz der Westfälischen Kleinbahnen AG über. Auf der bis 1959 im Güterverkehr bedienten Strecke gab es sogar zwischen 1940 und 1952 Personenverkehr mit Straßenbahnwagen.

Diesen Streckenerweiterungen stand der Verkauf des zuerst eröffneten Streckenstücks zwischen Hohenlimburg und Hagen an die Hagener Straßenbahn AG im Jahre 1911 gegenüber. Der Verkauf wurde sinnvoll, weil die Hagener Straßenbahn AG ihr Netz bis an die Hohenlimburger Strecke der Westfälischen Kleinbahn herangeführt hatte. Da man im Planbetrieb immer noch nicht die Staatsbahnstrecke in Hohenlimburg kreuzen durfte, schien ein isolierter Betrieb zwischen Hohenlimburg und der Hagener Stadtgrenze wenig sinnvoll. Schon früh erfolgte auch die erste Streckenstilllegung. Am 20. 10. 1915 wurde der Betrieb auf der innerstädtischen Iserlohner Linie von der Unnaer zur Hagener Straße wieder eingestellt. Hier war die Nachfrage wegen der geringen Ausdehnung der Iserlohner Innenstadt einfach nicht groß genug.

Kurz vor dem ersten Weltkrieg stieß die Gesellschaft mit ihrer als Kleinbahn konzessionierten Strecke von Westig aus über Ihmert in Richtung Altena vor, um die zahlreichen Industriebetriebe im Tal des Ihmerter Baches und des Nettetals an die Staatsbahnstrecken anzuschließen. Schon 1913 wurde der Verkehr zwischen Westig und Ihmert aufgenommen. 1917 und 1918 folgten die Teilstücke Ihmert – Evingsen und Evingsen – Pleuger. Hier zweigte die 1920/21 eröffnete Zweiglinie nach Dahle ab.

Das noch fehlende Streckenstück bis Altena wurde größtenteils erst in der zweiten Hälfte der zwanziger Jahre eröffnet. Vom 13. 7. 1927 an war dann der durchgehende Betrieb von Westig nach Altena möglich. Da die Kleinbahn am östlichen Lenneufer endete, die Staatsbahn-

**In Grüne entstand diese Aufnahme eines Triebwagens auf der Fahrt von Letmathe nach Iserlohn**

**Die „Dicke Berta" rollt 1963 am Gasthof „Holländer" vorbei in Richtung Altena**

strecke Hagen – Siegen aber auf der westlichen Flussseite verläuft, musste eine Brücke über die Lenne gebaut werden, um die auf die Kleinbahn übergehenden Staatsbahnwagen ins Nettetal verfrachten zu können. Während es Personenverkehr auf der Gesamtstrecke Westig – Altena bis Anfang der dreißiger Jahre gab, wurde der Güterverkehr kurz nach Fertigstellung der Übergabemöglichkeit in Altena betrieblich getrennt: Unternehmen im Nettetal verfrachteten nun über den Staatsbahnhof Altena, die nördlich von Ihmert liegenden Betriebe wurden von Westig aus bedient.

Mit der Aufnahme des Zugverkehrs im unteren Nettetal war das Netz der Westfälischen Kleinbahnen AG im Raum Altena/Iserlohn praktisch fertiggestellt, es folgte am 13. 7. 1927 lediglich noch eine 550 Meter lange Zweigbahn, die die Station Evingsen Springerweg mit der Ortsmitte Evingsen verband.

In die Zeit der Vollendung des Streckennetzes fiel ein Unfall, der zu den schlimmsten Eisenbahnkatastrophen des Sauerlandes gezählt werden muss. Am 17. Juni 1924 fuhr im Feierabendverkehr ein vierachsiger Triebwagen mit 69 Personen die relativ steile Düsingstraße im Ortsteil Grüne hinunter und sprang in einer Kurve aus den Gleisen. Unglücklicherweise kollidierte der Triebwagen mit einem Kastanienbaum, so dass das gesamte Dach abgerissen wurde. 24 Tote und 42 Verletzte forderte dieses Unglück, dessen genaue Ursache nie aufgeklärt werden konnte, denn der Triebwagenführer befand sich unter den Opfern. Es scheint aber so gut wie sicher zu sein, dass der Triebwagen mit unzulässiger Geschwindigkeit die

Gefällestrecke befuhr. Die Direktion der Bahngesellschaft ließ nach diesem Vorfall die Linienführung Richtung Hohenlimburg von der Düsing- auf die Igelstraße verlegen.

Gegenüber der Stammstrecke Hohenlimburg – Hemer, die immer eine dichte Zugfolge (teilweise fuhr man im 10-Minuten-Takt!) aufwies, war der Personenverkehr auf den abzweigenden Streckenästen und auch auf der Strecke von Westig nach Altena schwächer. Schon vor 1950 endete deshalb der Straßenbahnverkehr zwischen Grüne und Nachrodt. 1933 war bereits das mittlere Streckenstück der Westig-Altenaer Linie zwischen Ihmert (Tütebelle) und Evingsen sowie die kurze Strecke nach Evingsen Ortsmitte stillgelegt worden. In den fünfziger Jahren führte die zunehmende Konkurrenz des Omnibusses dann zur vollständigen Einstellung des Straßenbahnbetriebs bei der Iserlohner Kreisbahn. 1954 gegann der Rückzug auf der Ost-Weststrecke zwischen Hemer Amt und Niederhemer, in den beiden folgenden Jahren folgten der Streckenast nach Deilinghofen und die beiden Streckenstücke der ehemaligen Linie von Westig nach Altena. Zwischen Mai und Dezember 1959 endete dann auch der Straßenbahnverkehr auf der Stammlinie zwischen Hemer Amt und Hohenlimburg (Die genauen Daten sind der Streckenchronik zu entnehmen).

Der Güterverkehr konnte sich länger halten. Der erst 1927 aufgenommene Güterverkehr zwischen Grüne und Einsal endete zwar bereits drei Jahre später zwischen Nachrodt und Einsal wieder, die anderen im Güterverkehr befahrenen Strecken konnten sich aber wesentlich länger halten. Planmäßig im Güterverkehr bedient wurden die Strecken nach Iserlohnerheide, von Westig nach Altena, von Grüne aus in Richtung Nachrodt und Iserlohn, in Iserlohn selbst und in Westig statt. Der Übergabebahnhof Grüne spielte im Gegensatz zu Westig und Altena allerdings nur eine untergeordnete Rolle.

Wenn man von der Einstellung des Gesamtverkehrs zwischen Evingsen und Ihmert zu Beginn der dreißiger Jahre und der bereits oben erwähnten Einstellung des Güterverkehrs südlich von Nachrodt einmal absieht, begann die Einstellung des Güterverkehrs auf den Strecken der Iserlohner Kreisbahn erst 1956. In diesem Jahr endete gleichzeitig mit dem Personenverkehr der Güterverkehr zwischen Pleuger und Evingsen. Zwei Jahre später stellte man auch zwischen Grüne und Nachrodt den Güterverkehr ein. Über 1959 hinaus, als auch die „Iserlohner Güterbahn" aufgegeben wurde und auch das Streckenstück nach Dahle nicht mehr befahren wurde, hielt sich der Güterverkehr noch bis 1964 auf den verbliebenen Strecken Westig – Ihmert und Altena – Steinwinkel, denn im außergewöhnlich engen Nettetal konnte die Schmalspurbahn lange Zeit nicht durch schwere LKW ersetzt werden.

Der Fahrbetrieb auf den ersten Streckenstücken der Ost-West-Bahn Hohenlimburg – Hemer begann mit insgesamt 24 elektrischen Triebwagen, von denen vier Fahrzeuge vierachsig, der Rest zweiachsig ausgeführt war. Nach dem Umbau eines Beiwagens in einen weiteren Zweiachser erhöhte sich der Bestand auf 25 Triebwagen, die in Hohenlimburg und Grüne beheimatet waren. Nach Abgabe des Hohenlimburger Betriebshofes an die Hagener Straßenbahn AG errichtete die Kleinbahn in Westig einen weiteren Betriebshof, die meisten Fahrzeuge standen aber in Grüne. Verstärkt wurde der Fahrzeugpark durch 15, nach dem besagten Umbau 14 Beiwagen. Bis 1925 wurde der Triebwagenpark schrittweise erweitert und erreichte in diesem Jahr den Höchststand von 56 Fahrzeugen. Bereits Ende der zwanziger Jahre sank die Zahl aber wieder auf 30 Trieb- und 19 Beiwagen. Nach 1925 wurden keine weiteren Triebwagen neu erworben, allerdings verstärkte man auch weiterhin den Triebfahrzeugpark durch Gebrauchtfahrzeuge anderer Bahnen. Dazu gehörte auch ein in den dreißiger Jahren eingesetzter Gütertriebwagen der Rheinbahn (Betriebsnummer 69, 1942 nach Polen abgegeben). Die letzten Fremdtriebwagen gelangten 1950 an die IKB. Die sechs aus der Schweiz (u.a. von der Strecke Wetzikon-Meilen) stammenden Vierachser fielen schon durch ihre wesentlich größere Länge gegenüber den anderen eingesetzten Fahrzeugen auf. Der Güterwagenpark der IKB bestand fast ausschließlich aus Rollwagen, mit denen die auf die Kleinbahn übergehenden Staatsbahnwagen zu den an der Kreisbahnstrecke gelegenen Industriebetrieben transportiert wurden. Auf jedem dieser Fahrzeuge saß unter dem jeweiligen Güterwagen der Staatsbahn ein Bremser, der auf ein Signal des Lokomotivführers hin die Wagenbremse zu betätigen hatte. Neben den zahlreichen Rollwagen besaß die IKB aber auch einige normalspurige Güterwagen, die als Stückgutwagen zwischen dem Altenaer Staatsbahnhof und dem auf dem anderen Lenneufer liegenden Bahnhof der Kleinbahn

**Personalaufwändiger Güterverkehr im Nettetal: Wegen der engen Straßendurchfahrt musste ein Bediensteter den Betrieb sichern (1963)**

verkehrten. Dort wurden sie zum Transport auf der Westiger Strecke auf Rollwagen gesetzt.
Der Rollwagenpark erreichte in den fünfziger Jahren mit 77 Stück einen Höhepunkt, Anfang der sechziger Jahre besaß die IKB immerhin noch 55, davon 51 Vierachser und 4 Zweiachser. Wegen des rückläufigen Güteraufkommens verkaufte die IKB eine ganze Reihe von ihnen an die Hohenlimburger Kleinbahn, die Wandsbecker Industriebahn und mehrere Kleinbahnbetriebe in der Schweiz. Die übrigen Rollwagen fielen nach Stilllegung der Bahn dem Schneidbrenner zum Opfer. Mehrere Fahrzeuge befinden sich heute im Besitz der Märkischen Museumseisenbahn in Hüinghausen/ Sauerland.
Beim Lokpark der Kleinbahn muss man zwischen insgesamt elf Meterspur- und den vier auf den Übergabebahnhöfen in Altena, Grüne, Westig und Iserlohn eingesetzten Normalspurloks unterscheiden.
Die Elektrolokomotiven für die Meterspur lassen sich in drei Gruppen unterteilen: Zur ersten Gruppe gehörten die im ersten Weltkrieg beschafften Loks 1 bis 3, die von der AEG gebaut worden waren. Zunächst gelangten die Loks 1 und 2 ein Jahr nach ihrem Bau im Jahre 1914 in den Besitz der Bahn. Sie kamen auf der Kleinbahnstrecke von Westig nach Altena zum Einsatz. Die dritte Maschine (Nr. 3/Bj. 1911) wurde 1917 in Pforzheim erworben. Die zweite Gruppe bildeten die in den zwanziger Jahren angeschafften Loks mit den Nummern 4 bis 9. Es handelte sich wie bei den drei ersten Fahrzeugen um vierachsige Elektroloks mit der Achsfolge Bo'Bo'. Hersteller dieser formschönen Maschinen mit Mittelführerstand war ebenfalls die AEG. Die Loks mit den Nummern 6 und 9 kamen bis zu ihrer Ausmusterung nach Westig und die restlichen vier Maschinen nach Altena. Komplettiert wurde der Bestand der Meterspurloks durch die Übernahme zweier Maschinen der Iserlohner Güterbahn im Jahre 1929, die von Jung/BBC 1927 und 1929 gebaut worden waren. Lok Nummer 10 war ebenfalls vierachsig, während es sich bei der Lok mit der Nummer 11 um ein zweiachsiges Fahrzeug handelte. Alle Meterspurloks mit Ausnahme der Nummer 3, die bereits 1940 verkauft worden war, wurden erst in den letzten Jahren des Schienenverkehrs der IKB ausgemustert: Zunächst traf es die Loks Nr. 1 und 2 (1960), ein Jahr später wurde die zweiachsige Nr. 11 ausgemustert. 1964 (Nr. 6, 9 und 10) und 1965 folgten die restlichen meterspurigen Elektroloks.
Die vier normalspurigen Lokomotiven waren ausnahmslos zweiachsige Fahrzeuge mit der Achsfolge Bo. Als älteste der vier Lokomotiven stammte die Nummer 16 aus dem Jahr 1913 und war 1927 von den RWE erworben worden. Sie besaß einen Mittelführerstand mit flachen, nach beiden Seiten schräg abfallenden Vorbauten. Die Loks mit den Nummern 15 und 17 waren dagegen Eigenbauten der IKB, deren elektrischer Teil von der AEG stammte. Auf einem zweiachsigen Fahrgestell befand sich ein budenähnlicher Aufbau, der den Fahrzeugen ein eigenwilliges Aussehen verlieh. Lok 18 stammte von der Iserlohner Güterbahn, besaß ebenfalls einen Kasten als Aufbau und war akkumulatorbetrieben. Bei der Indienststellung 1944 wurde die Lok umgebaut und erhielt einen Bügelstromabnehmer. Für den elektrischen Teil der Lok war BBC zuständig. Die Ausmusterung der Fahrzeuge erfolgte in den Jahren 1962 (Nr. 18), 1964 (Nr. 15) und 1965 (Nr. 16 und 17).

# 8. Dornröschen im Sauerland – die Märkische Museumseisenbahn

Streckenstilllegungen gehören seit mehreren Jahrzehnten zu den fast regelmäßigen Begleiterscheinungen des Fahrplanwechsels. Außer ein paar Eisenbahnfreunden und natürlich der betroffenen Bevölkerung entlang der Strecke regt sich inzwischen leider kaum jemand mehr über den euphemistisch als „Angebotsumstellung“ deklarierten Rückzug der Bahn aus der Fläche auf. Dass aber eine stillgelegte Eisenbahnstrecke zumindest auf einem Teilstück wieder in Betrieb genommen wird, dürfte eine seltene Ausnahme sein und geschah im vorliegenden Fall auch nicht wegen einer plötzlich gestiegenen Nachfrage nach Nahverkehrsleistungen. Mitte der achtziger Jahre erweckte der Verein „Märkische Museumseisenbahn“ in Hüinghausen im Sauerland ein 2,3 km langes Stück der ehemaligen Nebenbahn Herscheid – Eiringhausen als schmalspurige Museumsbahn wieder zum Leben. Bevor die Aktivitäten dieses rührigen Vereins vorgestellt werden, soll kurz auf die Geschichte der Nebenbahn eingegangen werden, auf deren Trasse heute Museumsbahnzüge verkehren.

## Geschichte

Nach Fertigstellung der Ruhr-Sieg-Strecke im Jahre 1861 und der Strecke Hagen – Brügge zwölf Jahre später wuchs auch in den Seitentälern der Volme und Lenne der Wunsch nach einem eigenen Eisenbahnanschluss. Für die auf den Höhen zwischen Lenne und Volme

**Die „Bieberlies“ kam 1985 zur MME und wurde 1992 festlich in Betrieb genommen**

gelegene Stadt Lüdenscheid ging dieser Wunsch 1880 in Erfüllung. Im selben Jahr begann auch die Diskussion über den Bau einer Nebenbahn, die den östlich von Lüdenscheid am Fuße des Ebbegebirges gelegenen Ort Herscheid mit der Ruhr-Sieg-Strecke verbinden sollte. Aus diesen Plänen wurde aber zunächst nichts. Als sieben Jahre später die Kreis-Altenaer-Schmalspurbahn ihre Strecke Augustenthal – Werdohl durch das Versetal in Betrieb nahm, orientierten sich die Herscheider um und verlangten nun einen schmalspurigen Bahnanschluss an besagte KAS-Strecke durch das Tal der Schwarzen Ahe von Altemühle aus. Diese Strecke sollte über Herscheid hinaus bis Grünenthal geführt werden. Inzwischen hatte aber die Plettenberger Kleinbahn ihrerseits von Eiringhausen aus eine Schmalspurstrecke nach Plettenberg-Stadt errichtet, so daß sich eine Weiterführung nach Herscheid geradezu anbot. Die ursprünglichen Herscheider Hoffnungen schienen sich damit schmalspurig nun doch noch zu erfüllen. Es stellte sich jedoch heraus, dass ein Rollbockverkehr wie zwischen Eiringhausen und Plettenberg-Stadt auf dem restlichen Stück bis Herscheid nicht durchführbar war, so dass ein spezieller Wagenpark für das Streckenstück Plettenberg-Stadt – Herscheid hätte beschafft werden müssen. Eine Kostenanalyse ergab zu hohe Frachsätze durch das notwendige Umladen auf die Schmalspurwagen. Auch dieses Projekt war damit hinfällig geworden. Während die öffentlichte Diskussion sich nun wieder mit dem Projekt Altemühle – Herscheid – Grünenthal befasste, reifte der Plan, unter Einbeziehung der bereits fertiggestellten Strecke Brügge – Lüdenscheid Lenne und Volme mit einer normalspurigen Eisenbahnstrecke zu verbinden. Zeitweilig war sogar daran gedacht worden, die Lenne – Volme-Verbindung in eine Hauptbahn von Köln nach Kassel einzubeziehen. Im Jahre 1907 enthielt die Eisenbahnvorlage das erste Teilstück von Plettenberg nach Herscheid, womit dem bereits 1880 geäußerten Wunsch nun doch Rechnung getragen wurde, darüber hinaus sogar die Anbindung nach Westen an die Volmetalbahn in greifbare Nähe rückte. Es sollte aber noch acht Jahre dauern, bis am 8. Juli 1915 der erste Zug in den Herscheider Bahnhof einlaufen konnte. Die Nebenbahn von Herscheid nach Plettenberg war die vorletzte Eisenbahnstrecke, die im Sauerland neu eröffnet werden sollte. Der versprochene Weiterbau nach Lüdenscheid ist dagegen niemals in die Tat umgesetzt worden. Zu groß waren die Meinungsverschiedenheiten zwischen den beteiligten Gemeinden und der Staatsbahn über eine geeignete Linienführung. Der Magistrat der Stadt Lüdenscheid wünschte sowieso lieber eine schnellere Eisenbahnverbindung Richtung Hagen.

Durch den Stichbahncharakter der 16,23 km langen Nebenstrecke war das Verkehrsaufkommen zu jeder Zeit eher bescheiden. Die meist mit Tenderloks der Reihen 74 und 93 bespannten Züge liefen als GmP und hatten auch den wenig umfangreichen Güterverkehr oberhalb von Plettenberg mit abzuwickeln. Fahrzeiten von 65 Minuten Richtung Herscheid und 55 Minuten in der Gegenrichtung sprechen eine deutliche Sprache. Vom 17. 1. 1955 an versuchte die DB, den Personenverkehr durch den Einsatz von Schienenbussen der Reihe VT 95 rationeller abzuwickeln, doch war letztlich das Vordringen der automobilen Konkurrenz in der Zeit des Wirtschaftswunders Anlass, den Personenverkehr mit Ablauf des Sommerfahrplans 1965 einzustellen. Vier Jahre später, am 1. 6. 1969, endete auch der Güterverkehr oberhalb von Plettenberg-Oberstadt, kurz darauf entfernte die DB alle Gleise zwischen Hüinghausen und Herscheid. Auf dem Streckenstück Plettenberg-Oberstadt – Hüinghausen blieb der Gleiskörper auf Bitten der Stadt Plettenberg zunächst noch liegen, weil die Verwaltung hoffte, im Gewerbegebiet entlang der Strecke Industriebetriebe als potentielle Eisenbahnkunden zu gewinnen. Als sich diese Hoffnung zerschlagen hatte, riss die Bundesbahn auch das Gleis bis Plettenberg-Oberstadt ab. Von hier aus bis zur Bahnstation Eiringhausen erfolgte weiterhin Güterverkehr, bis auch dieses Streckenstück am 31. 12. 1996 „aus technischen Gründen" stillgelegt wurde.

Vierzehn Jahre vorher aber wurde bereits der Grundstein für eine Wiedereröffnung eines Teilstücks der Strecke gelegt. Als sich am 14. Juli 1982 eine Handvoll Eisenbahnfreunde zum Verein „Märkische Museumsbahn" zusammenschloss, war der Anlass jedoch nicht etwa die Reaktivierung der Plettenberger Strecke, sondern das Ende des Schienenverkehrs auf den Nordseeinseln Spiekeroog und Juist. Bei diesen beiden Meterspurbahnen liefen nämlich eine ganze Reihe von Fahrzeugen, die früher bei den Kleinbahnen des märkischen Sauerland eingesetzt worden waren, so dass sich die letzte Gelegenheit bot, heimische Fahrzeuge für die Nachwelt zu erhalten. Bereits Ende 1982 kamen die ersten sieben Fahrzeuge der Inselbahnen ins Sauerland. Es handelte sich um zwei Kesselwagen der ehemaligen „Kreis-Altenaer-Eisenbahn" (KAE), zwei Flachwagen der ehemaligen Plettenberger Kleinbahn (PKB), einen Talbot-Triebwagen mit Beiwagen und einen Werkstattwagen. Die Fahrzeuge wurden zunächst bei einer Firma in Plettenberg-Eiringhausen abgestellt, auf deren Betriebsgelände noch Kleinbahnschienen der PKB lagen. Großzügig wurde dem Verein auch ein leerstehendes Kesselhaus als Werkstatt für die Aufarbeitung von Fahrzeugen zur Verfügung gestellt. Der erste renovierte Wagen war ein Güterwagen der KAE, der aus Teilen zweier verschiedener Wagen der Kleinbahn zusammengesetzt werden konnte. Auf ein Güterwagenuntergestell, das von der Insel Spiekeroog stammte, wurde ein Fahrzeugaufbau eines anderen KAE-Güterwagens montiert, dessen Unterteil nicht mehr vorhanden war.

Da bei der Museumsbahn neben der Aufarbeitung von Fahrzeugen natürlich auch Fahrbetrieb angestrebt wurde, stellte sich bald die Frage nach einer geeigneten Strecke. Natürlich versuchte der Verein zunächst, originale Streckenteile der ehemaligen KAE wieder in Betrieb zu nehmen. Man dachte an die Strecke Halver – Schalksmühle, die Oestertalstrecke der Plettenberger Kleinbahn oder das Streckenstück von Augustenthal zum Stahlwerk Plate. Da sich aber im Oestertal Widerstand der Anwohner gegen eine Museumsbahn bildete und auch die Anlieger der Stichstrecke nach Plate nicht bereit waren, die inzwischen privat genutzten Grundstücksteile der Museumsbahn zur Verfügung zu stellen, musste der Gedanke an eine Reaktivierung von KAE-Strecken bald aufgegeben werden, weil die Gleise der anderen KAE-Strecken fast ausschließlich im Straßenplanum verliefen. Im Jahr 1983 bot sich aber die Gelegenheit, das Bahnhofsgelände des ehemaligen Bahnhofs Hüinghausen an der Strecke Herscheid – Eiringhausen von der Bundesbahn anzumieten und schließlich im Oktober 1984 käuflich zu erwerben.

Mit Hilfe zweier Arbeitskräfte, die vom Arbeitsamt Iserlohn im Rahmen einer ABM-Maßnahme zur Verfügung gestellt wurden, wurde das Bahnhofsgebäude in Hüinghausen renoviert und ein Schuppen auf dem Bahnhofsgelände zum Lokschuppen ausgebaut.

Als im Dezember 1983 die Hohenlimburger Kleinbahn ihren Betrieb einstellte, konnte der Verein nicht nur die Diesellok Nr. 3 „Nahmer" und mehrere Rollwagen kaufen, sondern auch Schienen- und Weichenmaterial für die Herrichtung des Museumsbahnhofs Hüinghausen. Auf zunächst 150 Metern Gleis fand im Herbst 1985 der erste Zugverkehr statt. Von 1987 an wurde die Strecke weiter in Richtung Plettenberg-Köbbinghausen ausgebaut, so dass Ende 1988 das Gebiet des heutigen Kreuzungsbahnhofs „Seissenschmidt" erreicht wurde. Am 29. April 1989 begann dann das „Dampfzeitalter" bei der MME. Zwar besaß der Verein zu diesem Zeitpunkt noch keine eigene Dampflokomotive, durch gute Kontakte zur Deutschen Museums-Eisenbahn Darmstadt gelang es aber, deren Lok Nr. 7 anzumieten und ab 1989 auf der Museumsstrecke einzusetzen. Von 1989 an wurde die Strecke von „Seissenschmidt" aus in Richtung auf den geplanten Endbahnhof „Plettenberg-Stahl" verlängert, so dass die Streckenlänge auf 2,3 km ausgedehnt werden konnte. 1990 war man in der Lage, die Aufarbeitung der 1985 gekaufte Lok Nr. 60 („Bieberlies") der ehemaligen Kleinbahn Gießen – Bieber ins Auge zu fassen. Die Wiederherstellung

**Von der Hohenlimburger Kleinbahn AG stammt die Diesellok Nr.3, die hier zu einer Sonderfahrt für Wittener Eisenbahnfreunde über die Strecke rollt (31. Oktober 1993)**

**Die 99 6101 von den Harzer Schmalspurbahnen als Leihgabe im Planeinsatz vor einem Personenzug kurz vor Hüinghausen (31. August 1997)**

der Lok in Klostermansfeld dauerte bis Ende 1991. Am 1. Mai 1992 konnte die Saison erstmals mit einer vereinseigenen Dampflok eröffnet werden. Da die Lok inzwischen wieder schadhaft wurde, musste die Fahrsaison 1997 mit der von den Harzer Schmalspurbahnen angemieteten dreiachsigen 99 6101 durchgeführt werden.
Neben der „Bieberlies" haben die Vereinsmitglieder in den vergangenen Jahren natürlich noch eine ganze Reihe anderer Fahrzeuge aufgearbeitet. Ein weiteres fahrtüchtiges Triebfahrzeug ist neben der erwähnten Lok Nr. 3 „Nahmer" eine Diesellok, die von der Rheinischen Braunkohlen- und Brikettindustrie AG stammt und in der Grube Eschweiler eingesetzt war. Die Lok Nr. 11 „Zukunft" musste allerdings erst von 900 auf 1000 mm Spurweite umgespurt werden. Ebenfalls einsatzfähig ist der Triebwagen T 4 der ehemaligen Eckernförder Kreisbahn. Das bei Talbot in Aachen 1950 hergestellte einmotorige Fahrzeug kam 1958 zur Inselbahn Juist und nach Stilllegung der Bahn am 3. 12. 1982 zur Märkischen Museumseisenbahn. Von den zur Zeit für den Fahrbetrieb zugelassenen Wagen ist neben einem Güterzug der ehemaligen KAE der zuletzt bei der Inselbahn Wangerooge eingesetzte Reichsbahnpersonenwagen Mst 19 aus dem Jahr 1936 besonders hervorzuheben. Das im Jahr 1993 aufwendig wiederhergestellte Fahrzeug steht in der Denkmalsliste der Gemeinde Herscheid. Im

**Lok 60 „Bieberlies" steht bereit zur Abfahrt nach Plettenberg-Stahl (2. August 1992)**

Oktober 1997 wurde dieser wunderschöne Personenwagen von leider immer noch zu häufig als „Künstler“ tolerierten Schmierfinken auf einer Seite komplett mit Lackfarbe verunstaltet. Zu hoffen ist, dass die finanziellen Mittel in Höhe von etwa 10000 DM für die Renovierung des Vierachsers aufgebracht werden können. Versuche, die Farbe auf chemischem Wege zu beseitigen, schlugen fehl, so dass die gesamte Wagenseite blankgeschliffen werden muss!

Außer den wichtigen Aufgaben im Rahmen der Aufarbeitung von Fahrzeugen warten natürlich noch weitere Arbeiten auf die Vereinsmitglieder. Geplant ist der Bau einer großen Wagenhalle, in der Fahrzeuge wettersicher untergestellt und gewartet werden können. Dann könnten auch noch weitere Fahrzeuge wiederhergestellt werden. Noch nicht ganz aufgegeben hat man in Hüinghausen auch die Hoffnung auf einen Weiterbau der Strecke bis zum Bahnhof Plettenberg-Oberstadt. Wenn dieses Vorhaben gelingen sollte, wird sich auf der dann wesentlich längeren Strecke ein noch attraktiverer Fahrbetrieb einrichten lassen.

## Die Fahrzeuge der Märkischen Museumseisenbahn

Zur Zeit befinden sich im Bestand der Museumsbahn vier Dampflokomotiven, die nur deshalb dem Schneidbrenner entgingen, weil sie zur Aufstellung auf Spielplätzen oder als Denkmallokomotive vorgesehen waren. Ausserdem gehören zur Fahrzeugsammlung des Vereins drei Dieselloks und ein Triebwagen. Der Weg dieser Fahrzeuge zur MME soll hier kurz nachgezeichnet werden.

**Dampflok 2 „Borken“ der Preußen Elektra**

Die etwa 200 PS starke zweiachsige Lok wurde 1944 bei Krauss Maffei in München im Auftrag der Firma Henschel gebaut und gehört zum Kriegsdampfloktyp KDL 10. Sie war im Tagebau Borken (bei Kassel) der Preußen Elektra bis 1966 eingesetzt Ein Vierteljahrhundert lang stand die Maschine dann auf einem Spielplatz in Großkrotzenburg, ehe sie am 29. 6. 1991 in den Besitz der MME gelangte. Da es sich um den wahrscheinlich letzten in Deutschland erhalten gebliebenen Vertreter dieser Bauart handelt, soll die Lok aufgearbeitet werden, wobei die Spurweite um 100 auf 1000 mm angehoben werden müsste.

| | | | |
|---|---|---|---|
| Bauart: | Bn2t | Gewicht: | 18,6 t |
| Baujahr: | 1944 | Radstand: | 1800 mm |
| Leistung: | 200 PS | Länge ü.P.: | 6800 mm |

**Dampflok 1 der Hüttenwerke Haspe**

Im Jahre 1949 wurde die zweiachsige Lok mit der Spurweite von 900 mm und einer Leistung von 200 PS von Henschel & Sohn gebaut und danach im Verschub innerhalb des Hasper Hüttenwerks eingesetzt: Nach Einstellung des Betriebs im Jahre 1972 gelangte die Maschine auf einen Spielplatz in Gevelsberg bei Hagen und wurde 1984 als erste Lok von der MME übernommen. Ihr Zustand ist aber derzeit so schlecht, dass der Zeitpunkt einer Wiederherrichtung mit Umspurung auf 1000 mm Spurbreite offen ist.

| | | | |
|---|---|---|---|
| Bauart: | Bn2t | Gewicht: | 22,4 t |
| Baujahr: | 1949 | Radstand: | 1800 mm |
| Leistung: | 200 PS | Länge ü.P.: | 6800 mm |

**Dampflok 20 der Dortmund-Hörder-Hütten-Union**

Die ebenfalls 200 PS starke Lokomtive gehörte zu einer Gruppe von acht Dampflokomotiven, die Anfang der fünfziger Jahre von der DHHU bei Henschel & Sohn bestellt worden waren. Nachdem die Werkbahn im Hörder Werk „Phoenix“ stillgelegt worden war, stellte man die Lok 1967 auf einem Spielplatz in Dortmund auf. Am 5. 9. 1986 gelangte die Maschine in den Besitz Museumseisenbahner, die sie ab 1990 in Klostermansfeld aufarbeiten lassen wollten. Leider war der Zustand des Kessels sehr schlecht, so dass die Arbeiten bis heute nicht abgeschlossen werden konnten.

| | | | |
|---|---|---|---|
| Bauart: | Bn2t | Gewicht: | 23,9 t |
| Baujahr: | 1950 | Radstand: | 1800 mm |
| Leistung: | 200 PS | Länge ü.P.: | 7050 mm |

**Dampflok 60 der Kleinbahn Gießen – Bieber**
Als einzige der vier Dampflokomotiven verfügt die ebenfalls von Henschel in Kassel gefertigte Maschine über drei Achsen. In den zwanziger Jahren von der meterspurigen Kleinbahn Gießen – Bieber bei der Kasseler Firma zusammen mit zwei baugleichen Loks als Nr. 2 beschafft, änderte man später die Bezeichnung in Nr. 60 um. Als man den Kleinbahnbetrieb im Jahre 1964 einstellte, blieb Nr. 60 als einzige Lok erhalten und später neben einem Hotel in Krofdorf-Gleiberg aufgestellt. Bereits am 4. 12. 1985 gelangte die Lokomotive als Dauerleihgabe in den Besitz der MME. Unter großen Schwierigkeiten konnte die Maschine aufgearbeitet und am 27. 5. 1992 als erste Vereinsdampflok in Betrieb genommen werden. Leider sind inzwischen wieder größere Schäden an der Lok aufgetreten, so dass eine erneute Reparatur notwendig wurde.

| | | | |
|---|---|---|---|
| Bauart: | Cn2t | Gewicht: | 28,5 t |
| Baujahr: | 1923 | Radstand: | 2400 mm |
| Leistung: | 250 PS | Länge ü.P.: | 7400 mm |

**Diesellok 11 der Rheinischen Braunkohlen- und Brikettindustrie AG**
Elf zweiachsige Diesellokomotiven lieferte die Firma Krupp in den Fünfziger Jahren an den Tagebau „Zukunft" der Rheinischen Braunkohlenindustrie. Als sich die verschiedenen braunkohlefördernden Betriebe zusammenschlossen, wurde Lok Nummer 11, die heute bei der MME eingesetzt ist, in 173 umbenannt. 1972 verkaufte man sie gemeinsam mit einer baugleichen Maschine an die Preußen-Elektra, die beide Loks im Tagebau Wölfersheim einsetzte. Im Juli 1992 erwarb die MME die Diesellok als Betriebsreserve für die Lok Nr. 3 „Nahmer". Im August 1997 wurde Lok Nr. 11 aber auch vor Planzügen im Personenzugdienst eingesetzt, nachdem die Spurweite von 900 mm auf das Meterspurmaß der MME erweitert worden war.

| | | | |
|---|---|---|---|
| Bauart: | Bdh | Gewicht: | 24,0 t |
| Baujahr: | 1957 | Radstand: | 2200 mm |
| Leistung: | 200 PS | Länge ü.P.: | 6900 mm |

**Diesellok 3 der Hohenlimburger Kleinbahn AG**
Orenstein & Koppel lieferte Anfang der sechziger Jahre an die Hohenlimburger Kleinbahn AG fünf gleichartige Diesellokomotiven. Die zweiachsigen Maschinen waren im Rollwagenverkehr der HKL fast ein Vierteljahrhundert lang bis zur Betriebseinstellung der Kleinbahn am 24. 12. 1983 im Nahmertal eingesetzt. Lok Nr. 3 gelangte betriebsfähig am 28. 7. 1984 zur MME und erhielt in Erinnerung an ihre einstige Wirkungsstätte den Namen „Nahmer".

| | | | |
|---|---|---|---|
| Bauart: | Bdh | Gewicht: | 20,7 t |
| Baujahr: | 1960 | Radstand: | 1500 mm |
| Leistung: | 140 PS | Länge ü.P.: | 5800 mm |

**Diesellok 42 der Werkbahn der Bayer AG in Leverkusen**
1956 wurde bei der Ruhrtaler Maschinenfabrik die zweiachsige und 45 PS „starke" Diesellok für das meterspurige Werkbahnnetz der Bayer AG in Leverkusen gebaut. Sie erhielt zunächst die Nummer 42, später dann die Nummer 19. Von 1976 bis 1985 war die Lok beim Straßenbahnmuseum in Wuppertal-Kohlfurt eingesetzt und befand sich dann in privaten Händen. Im Jahr 1990 konnte die MME die Maschine erwerben. Sie soll in Hüinghausen im Rangierdienst eingesetzt werden.

| | | | |
|---|---|---|---|
| Bauart: | Bdm | Gewicht: | 8 t |
| Baujahr: | 1956 | Radstand: | 1000 mm |
| Leistung: | 45 PS | Länge ü.P.: | 4500 mm |

**Talbot in Aachen lieferte den Triebwagen T 4 zunächst an die Eckernförder Kreisbahn, später gelangte das Fahrzeug zur Inselbahn Juist (3. August 1997)**

**Triebwagen T 4 der Eckernförder Kreisbahn**
In der ersten Hälfte der fünfziger Jahre lieferte Talbot in Aachen mehrere Triebwagen in zwei verschiedenen Ausstattungsvarianten an die Eckernförder Kreisbahn, die Geilenkirchener Kreisbahn und die Euskirchener Kreisbahn. Auch die Kreis-Altenaer-Eisenbahn erhielt 1955 zwei Triebwagen, die sich allerdings im äußeren Erscheinungsbild von den übrigen Triebwagen unterschieden. Der einmotorige Triebwagen T 4 der Eckernförder Kreisbahn gelangte im Jahre 1958 zur Inselbahn Juist und wurde nach der Betriebseinstellung auf Juist am 3. 12. 1982 von der MME erworben und aufgearbeitet. Auch dieses Fahrzeug wird an den Betriebstagen der Museumsbahn eingesetzt.

| | | | |
|---|---|---|---|
| Bauart: | VTdm | Gewicht: | 14,8 t |
| Baujahr: | 1950 | Radstand: | 10800 mm |
| Leistung: | 100 PS | Länge ü.P.: | 14600 mm |

Im Jahre 1998 konnte die MME außerdem die Dampflok 99 7204 erwerben. Die Maschine wurde 1904 von Borsig in Berlin mit der Fabriknummer 5327 gebaut und war bis zum Jahr 1965 auf der Schmalspurstrecke von Mosbach nach Mudau eingesetzt.
Die Deutsche Bundesbahn verkaufte die Lok nach ihrer Ausmusterung an einen holzverarbeitenden Betrieb, der die Dampflok in dem Ort Unterbernbach in Bayern 1969 als Denkmal aufstellte. Weil die Besitzerfirma expandieren wollte, musste die Denkmals-Lokomotive 1998 weichen. Die Firma verkaufte sie an die Museumsbahner im Sauerland. Dort soll die Lok in den nächsten Jahren wiederhergestellt und später auch vor den Museumszügen eingesetzt werden.
Neben den beschriebenen Fahrzeugen verfügt der Verein noch über eine Reihe von Nebenfahrzeugen, zu denen auch zahlreiche Rollböcke der Filderbahn, der Oberrheinischen Eisenbahn-Gesellschaft und der Halle-Hettstedter Eisenbahn gehören. Außerdem befinden sich mehrere Rollwagen der Iserlohner Kreisbahn und der Hohenlimburger Kleinbahn im Besitz des Vereins.

# 9. Neubaustrecke ohne ICE – die Nebenbahn entlang der Biggetalsperre

Mit dem Begriff „Neubaustrecke" verbindet sich seit dem Bau der Strecke Hannover – Würzburg fast zwangsläufig die Vorstellung von geradlinigen Trassen, Hochgeschwindigkeitszügen und langen Tunnels. Im Sauerland aber hat dieser Begriff noch eine andere Bedeutung.

Die Eisenbahnstrecke, um die es hier geht, ist die 59,5 km Kilometer lange Nebenstrecke durch das Biggetal von Finnentrop an der Ruhr-Sieg-Strecke nach Kirchen im Tal der Sieg an der Strecke von Siegen nach Köln. Als es um die Linienführung der Strecke Hagen – Siegen ging, hatten die Menschen in diesem Seitental der Lenne vergeblich auf einen Eisenbahnanschluss gehofft (vgl. Kapitel über die Ruhr-Sieg-Strecke). Trotz aller Enttäuschung über die Entscheidung, die Hauptstrecke durch das Hundemtal zu bauen, formierte sich in Olpe schon 1861 ein Eisenbahnkomitee mit dem Ziel,

**Wendezug Finnentrop – Olpe auf der Dumicketalbrücke im Verlauf der Neubaustrecke zwischen Kraghammer und Olpe (24. Februar 1991)**

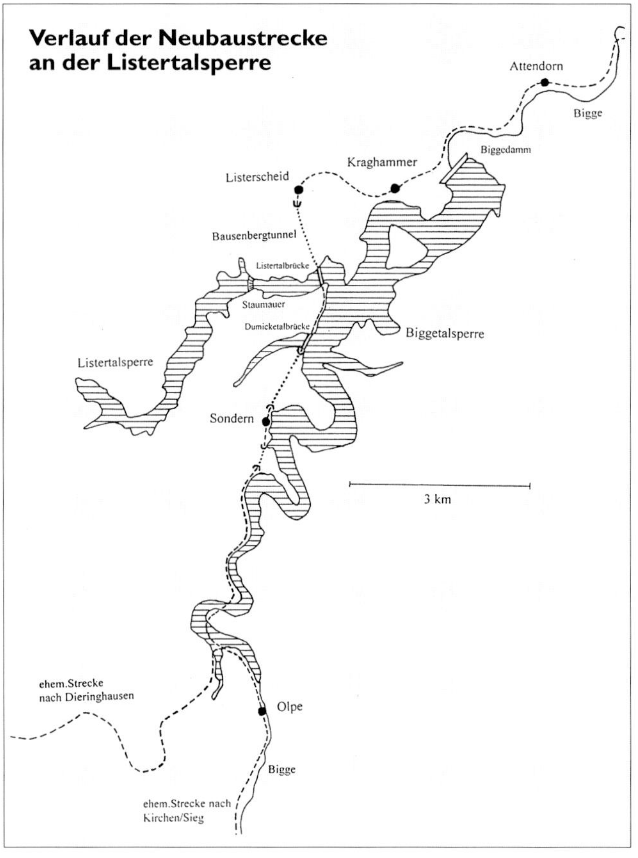


**Verlauf der Neubaustrecke an der Listertalsperre**

eine Zweigbahn von Finnentrop in Richtung Attendorn/Olpe/Rothemühle zu bauen. Da das preußische Handelsministerium ebenfalls für eine solche Nebenbahn plädierte, erteilte die Behörde der Bergisch-Märkischen Eisenbahngesellschaft am 1. Oktober 1866 die Konzession für eine Strecke Düsseldorf – Kassel durch das Ruhrtal und verpflichtete die Gesellschaft gleichzeitig, die Strecke von Finnentrop ins Biggetal hinein ebenfalls zu bauen. Die königliche Genehmigung dafür erfolgte aber erst über drei Jahre später, am 14. Februar 1870, nachdem auch die Generalversammlung der BME dem Bau zugestimmt hatte. Die Eröffnung des ersten Teilstücks von Finnentrop nach Attendorn erfolgte am 1. April 1874. Mit drei Zugpaaren in jeder Richtung wurde der Bahnverkehr im Biggetal aufgenommen. Genau neunzehn Monate später, am 1. November 1875, begann auch in Olpe das Eisenbahnzeitalter. Die weiteren Streckenabschnitte bis Rothemühle, Freudenberg und Kirchen an der Sieg folgten erst nach der Jahrhundertwende. Fast neunzig Jahre rollten die Nebenbahnzüge nun auf der Strecke zwischen Finnentrop und Olpe, bis Mitte der sechziger Jahre die Trasse zwischen den Stationen Kraghammer und Olpe verlegt werden musste.

Verantwortlich für die kostspielige Streckenverlegung war der Wasserreichtum des Sauerlandes. Als das sogenannte „Ruhrgebiet“, der Raum zwischen Hamm und Duisburg, ab 1850 auf der Basis ergiebiger Kohlelagerstätten zum größten Industrierevier Deutschlands wurde, entwickelte sich das südöstlich gelegene Sauerland zu einem wichtigen Ergänzungsraum. Die Höhenzüge des Rheinischen Schiefergebirges stellen bei vorherrschenden Westwinden das erste nennenswerte Hindernis für die feuchte Atlantikluft dar und erhalten deshalb ergiebige Niederschläge von meist über 1000 mm pro Jahr. Dort wurden in diesem Jahrhundert in zahlreichen Tälern Wasserreservoire in Form von Talsperren angelegt. Sie hatten und haben noch heute die Aufgabe, die Schmelzwässer des Frühjahrs zurückzuhalten und dieses Wasser in trockenen Zeiten wieder in das Gewässernetz einzuspeisen. Der Wasserstand der Ruhr, der mit Abstand wichtigsten Quelle der Wasserversorgung des Ballumgsraums, kann auf diese Weise konstant gehalten werden. Die bis in die dreißiger Jahre fertiggestellten Talsperren befanden sich in kleineren Seitentälern der beiden großen Flüsse Lenne und Ruhr, so dass der Eisenbahnverkehr durch sie nicht berührt wurde. Bereits vor dem Zweiten Weltkrieg reichte der vorhandene Stauraum aber nicht mehr aus, um in Trockenjahren den Wasserbedarf ganz zu decken. So fasste der mit dem Talsperrenbau befasste „Ruhrtalsperrenverein“ (RTV) die Anlage neuer Reservoire ins Auge. Neben der Versetalsperre, deren Staudamm oberhalb des Streckenstücks Augustenthal – Brüninghausen/Stahlwerk Plate der Kreis Altenaer Eisenbahn liegen sollte und die deshalb den Bahnverkehr der Schmalspurbahn nicht beeinträchtigte, planten die Ingenieure auch den Bau einer mit 140 Millionen Kubikmetern Fassungsvermögen fast siebenmal so großen Talsperre. Als Standort war das Biggetal zwischen Olpe und Attendorn vorgesehen. Hier verlief allerdings seit 1875 die eingleisige Nebenbahn von Finnentrop nach Olpe, deren Trasse nach Flutung des Wasserspeichers auf einer Länge von 10 Kilometern im See versinken würde. Da zu dieser Zeit eine Streckenstilllegung nicht ernsthaft in Erwägung gezogen wurde, war die Verlegung der Bahnstrecke zwischen den Stationen Kraghammer und Olpe erforderlich. An den Entwurfsarbeiten beteiligte sich vor dem Krieg auch die Reichsbahndirektion Wuppertal, die eine Verlegung des Gleiskörpers auf die westlich der alten Trasse gelegenen Höhen vorschlug. Das Reichsministerium für Ernährung und Landwirtschaft genehmigte den Gesamtentwurf kurz vor Kriegsausbruch am 3. Juni 1939, die Kriegsereignisse verhinderten aber zunächst den Beginn der Bauausführung. Erst nach Gründung der Bundesrepublik Deutschland wurde die Zusammenarbeit zwischen dem Ruhrtalsperrenverein und der inzwischen in „Bundesbahndirektion Wuppertal" umbenannten Dienststelle der Bahn wieder aufgenommen. Wegen der wachsenden Konkurrenz der Straße und den beträchtlichen Kosten einer Streckenverlegung sollte zunächst geprüft werden, ob überhaupt noch Bedarf für diese Eisenbahnstrecke bestand. Als Alternative zu einer „Verkraftung" des Verkehrs kam eine schon früher diskutierte Verlängerung der Stichbahn von Meinerzhagen nach Krummenerl westlich an der neuen Biggetalsperre vorbei in Betracht. Diese wäre kurz vor Olpe in die Strecke Dieringhausen – Olpe eingefädelt

**Im August 1961 führt eine Lokomotive der Baureihe 50 einen Personenzug von Finnentrop nach Olpe im Ahauser Stausee bei Attendorn**

**Nahverkehrszug Olpe – Finnentrop am 31. August 1987 unterhalb von Burg Schnellenberg bei Attendorn**

**Eine VT-98-Garnitur auf der Listertalbrücke bei Sondern. Bis 1984 waren die roten Brummer im Listertal eingesetzt (12. März 1983)**

**Ein Sonderzug aus zwei Triebwagen der Reihe 601 auf dem Damm im Biggesee bei Olpe. Im Hintergrund verläuft die ehemalige Strecke Olpe – Dieringhausen ebenfalls auf einem Damm (17. Mai 1987)**

**Ein Triebwagen der Reihe 628 vom Betriebshof Essen fährt als Regionalbahn Finnentrop – Olpe in den Bahnhof Attendorn ein (3. August 1995)**

worden und sollte ursprünglich über Olpe hinaus nach Kreuztal an der Ruhr-Sieg-Strecke führen.(Vgl. unten das Kapitel „Eisenbahnprojekte“) Damit hätte sich eine zweite Nord-Süd-Verbindung von Hagen nach Siegen ergeben. Die Gründe, letztlich doch einer Verlegung der Strecke Attendorn – Olpe Priorität einzuräumen, lagen vor allem in der Lage der Kreisstadt Olpe begründet. Eine Trennung des Ortes von der Ruhr-Sieg-Strecke hätte für den damals noch beträchtlichen Güterverkehr zeitraubende Umwege bedeutet. Zudem ließ sich der Personenverkehr – stark dominiert von Pendlerfahrten – wirtschaftlich nicht auf die Straße verlegen. Außerdem befürchteten die Olper eine Verschlechterung ihrer Verkehrslage mit der Folge, Probleme bei der Ansiedlung weiterer Industriebetriebe zu bekommen. Die Höhenlage des Ortes in fast 400 Metern über dem Meeresspiegel sprach auch für die Aufrechterhaltung des Schienenverkehrs, damit der Ort nicht allein auf witterungsabhängige Verkehrsmittel angewiesen war. Da das Sauerland auch als Erholungsgebiet für mehrere Millionen Menschen an der Ruhr von außergewöhnlicher Bedeutung ist, sollte den damals noch nicht vollständig motorisierten „Ruhrpöttlern“ die Möglichkeit gegeben werden, den geplanten Erholungsraum an der Bigge mit öffentlichen Verkehrsmitteln bequem erreichen zu können.
Von einer Weiterführung der Strecke Meinerzhagen – Krummenerl hielt aber auch die Bundesbahn selbst nicht viel. Beträchtliche Investitionen im Bereich der Volmetalbahn zwischen Hagen und Meinerzhagen wären nämlich ebenfalls unumgänglich gewesen, um einen zügigen und damit attraktiven Nord-Süd-Verkehr sicherzustellen. Zwischen Oberbrügge und Meinerzhagen hätte zum Beispiel ein zweigleisiger Ausbau erfolgen müssen. Zudem sollte die Neubaustrecke auch mehr Kosten verursachen als die Verlegung der bestehenden Bahnlinie durch das Biggetal. Die Deutsche Bundesbahn lehnte deshalb ebenfalls eine neue Strecke Krummenerl – Olpe – Kreuztal ab und plädierte für die später zur Ausführung gekommene Variante. Dieser Auffassung schloss sich die Landesplanungsbehörde an. Der ursprünglich von der Bundesbahn verfolgte Plan, die Trasse für ein zweites Streckengleis vorzubereiten, wurde verworfen.
Im Jahre 1956 schuf der Landtag des Landes Nordrhein-Westfalen mit dem sogenannten „Biggegesetz“ die rechtliche Grundlage für die Verwirklichung des Vorhabens.
Die beteiligten Planungspartner – Deutsche Bundesbahn und Ruhrtalsperrenverein – vereinbarten eine Aufteilung der Bauarbeiten entsprechend den jeweiligen Aufgabengebieten. Danach war der RTV für folgende Arbeiten zuständig:

- *Durchführung aller Erdarbeiten auf freier Strecke einschließlich der Tunnelvoreinschnitte und die Herrichtung des Planums*
- *Herstellung aller sonstigen Bauwerke wie Straßenbrücken, Überleitungsbauwerke zu dengeplanten Doppelstockbrücken, Durchlässe und Böschungsbefefstigungen*
- *Herrichtung der Bahnhofsvorplätze und Durchführung von Wegeverlegungen*

Die Deutsche Bundesbahn sollte nach dieser Übereinkunft folgende Bauten errichten:

- *drei Tunnels*
- *die Brücken über die Seitenarme der Talsperre (Listertalbrücke, Dumicketalbrücke)*
- *Anschlüsse an die bestehende Strecke*
- *Signal- und Fernmeldeanlagen*
- *Hochbauten*

Für die von der Bahn auszuführenden Arbeiten wurde in Attendorn ein Bundesbahn-Neubauamt eingerichtet. Der Teilplan „Verkehr“ des Raumordnungsplans Biggetalsperre sah vor, die Bahnstrecke und die ebenfalls auf die Höhen verlegte Landstraße gemeinsam auf die Westseite der neuen Talsperre zu verlegen, weil Bahn und Straße als Verkehrsträger zusammengehören und das Ostufer möglichst völlig frei von Verkehrswegen bleiben sollte.
Die Neubaustrecke verlässt beim Bahnhof Kraghammer die alte Trasse und erreicht in einem großen Bogen zunächst den Haltepunkt Listerscheid. Auf diesem ersten Streckenabschnitt überwindet die Bahn den Höhenunterschied zwischen Talsohle und neuer Trasse mit

**Kurz vor der Flutung des Biggetals überquert der VT 95 9286 als P 1414 das Dumicketal. Im Gegensatz zur Aufnahme auf Seite 139 kann man hier schön die wahren Ausmaße der Dumicketalbrücke erkennen**

einer Steigung von 1:100 auf 3,113 Kilometern Länge. Hinter Listerscheid musste der „Bausenberg" in einem 1126 Meter langen Tunnel unterquert werden. Unmittelbar an den südlichen Tunnelmund schließt sich die erste zweier bemerkenswerter Doppelstockbrücken an, die oben dem Autoverkehr dienen und in der unteren Etage die Gleise der Nebenbahn tragen. Zunächst wird das Listertal auf diese Weise überbrückt, etwas später auf einer zweiten Brücke auch das Dumicketal. Die beiden Viadukte haben Längen von 314 und 220 Metern. Die Straßenbauverwaltung wollte zunächst den Bau der Brücken nicht genehmigen, weil man eine Gefährdung des Straßenverkehrs durch den Qualm der Dampflokomotiven befürchtete. Obwohl von der DB nachgewiesen werden konnte, daß eine solche Gefährdung nur bei sehr starker Rauchentwicklung und sehr geringen Windgeschwindigkeiten möglich war, konnte der Bau dieser Brücken zunächst nicht in Angriff genommen werden. Als sich aber die Verdieselung des Bw Dieringhausen abzeichnete, gab die Straßenbauverwaltung grünes Licht für den Brückenbau. Unmittelbar hinter dem Dumicketalviadukt folgt ein weiteres Tunnelbauwerk durch den Erbscheidberg (1022 Meter), ehe der Bahnhof Sondern in der gleichnamigen Neubausiedlung am Ufer des neuen Sees erreicht wird. Auf der Fahrt nach Olpe muss kurz hinter Sondern erneut ein Tunnel durchquert werden. Vom 219 Meter langen Hanemicketunnel bis zum Anschluss an die alte Trasse nördlich von Olpe konnte die DB auf den Bau weiterer Brücken- und Tunnelbauwerke verzichten. Das Vorstaubecken der Biggetalsperre wird allerdings auf einem Damm überquert, bevor die Gleise gemeinsam mit denen der ehemaligen Strecke von Dieringhausen von Norden her in den Olper Bahnhof münden. Die insgesamt 60 Millionen DM teuren Bauarbeiten an der Neubaustrecke begannen im Herbst 1957 und waren rechtzeitig zum geplanten Stautermin 1965 beendet. Außer dem Bahnhofsgebäude in Sondern wurden keine weiteren Hochbauten errichtet. In Listerscheid und Eichhagen gibt es lediglich überdachte Unterstände. Das Empfangsgebäude in Sondern dagegen ist dem erwarteten Ausflugsverkehr entsprechend großzügig ausgeführt worden. Von Anfang an hatte man bei der Planung schienengleiche Bahnübergänge vermieden und die Streckenhöchstgeschwindigkeit auf 80 km/h festgelegt. Welche Hoffnungen die DB beim Neubau der Strecke ursprünglich gehegt haben mag, kann man der Tatsache entnehmen, dass das Lichtraumprofil der Strecke auch eine Umstellung auf elektrischen Fahrbetrieb ermöglicht! Davon ist heute selbstverständlich keine Rede mehr. 17 Zugpaare verkehren zwar zur Zeit auf der seit 1998 als RB 92 „Biggesee-Express" genannten Nebenbahn an Werktagen, ob der Bestand der Strecke langfristig gesichert werden kann, ist aber fraglich, zumal der Personenverkehr seit 1983 in Olpe endet und sich der Güterverkehr seit 1993 auf das Streckenstück von Finnentrop bis Attendorn beschränkt. Der touristische Reiseverkehr nutzt fast ausschließlich den PKW und sorgt in den Sommermonaten für ein beispielloses Chaos auf den Straßen entlang der Bigge- und Listertalsperre. Es handelt sich hierbei hauptsächlich um Tagesausflugsverkehr ohne Übernachtung. Wegen der meist reichlich mitgeführten Bade- und Picknickutensilien kann die Bahn für diese Ausflügler auch nicht unbedingt als attraktives Verkehrsmittel angesehen werden. Zudem liegen wichtige Herkunftsräume des Tagesausflugsverkehrs (Raum Siegen, Köln, Ruhrgebiet) an den Bundesautobahnen A 4 und A 45, die in unmittelbarer Nähe der Biggetalsperre verlaufen, so dass beispielsweise eine Autofahrt von Köln nach Olpe nur gut eine Stunde dauert. Eine entsprechende Bahnfahrt über Hagen Hbf – die Strecke Olpe – Dieringhausen ist ja bereits seit 1979 im Personenzugverkehr stillgelegt – würde demgegenüber ohne die Übergangszeiten beim Umsteigen etwa zweieinhalb Stunden dauern. Berücksichtigt man zusätzlich die Aufenthalte in Hagen und Finnentrop, wird klar, dass die Bahn hier nicht konkurrenzfähig sein kann. Bei Fahrten aus dem östlichen Ruhrgebiet (Hagen/Dortmund/Bochum) an die Bigge ist der Fahrzeitunterschied zwar wesentlich geringer, zumindest für Badegäste ist die Bahn aber keine attraktive Alternative, da man mit dem eigenen Auto direkt bis an die Badeplätze heranfahren kann. Will die Bahn langfristig im Biggetal überleben, muss sie das übrige touristische Nachfragepotential zu gewinnen suchen. Dann werden hoffentlich auch in Zukunft Züge auf der mit großem Aufwand umgebauten Nebenbahn durch das Biggetal fahren.

**Eine dreiteilige Schienenbuseinheit der Reihe 798 auf ihrer Fahrt entlang der Biggetalsperre. In wenigen Minuten wird der Zug sein Ziel Olpe erreicht haben (1. Juni 1983)**

# 10. Eisenbahnprojekte

Als im vorigen Jahrhundert die Eisenbahn in atemberaubender Weise die Vorstellung von Raum und Zeit veränderte, beflügelte das neue Verkehrsmittel die Phantasie unserer Vorfahren. Jeder kleine Ort wollte die Segnungen der neuen Zeit erfahren und Anschluss an die große Welt bekommen. So entstanden zahllose Pläne für letztendlich niemals gebaute Eisenbahnstrecken. Während manche Linie nur an den Stammtischen und in der lokalen Presse zur Diskussion stand, erreichten viele Projekte doch das Stadium einer konkreten Planung. Hin und wieder wurde sogar mit dem Bau begonnen. Die Gründe für das Scheitern sind bekannt: Viele vom Standpunkt der betroffenen Bevölkerung wünschenswerte Linien waren einfach nicht rentabel zu betreiben. Aspekte der Raumplanung und Verkehrspolitik spielten zu Beginn des Eisenbahnzeitalters bei den ja zunächst meist von privaten Gesellschaften gebauten Strecken natürlich keine Rolle. Die vom Eisenbahnfieber erfassten Menschen mochten die Rentabilitätsforderung allerdings manchmal nicht akzeptieren. So wurde denn auch während der Diskussion um eine neue Verbindung vom Lennetal aus nach Bestwig im Hochsauerland der Bau eines 1000 m langen Tunnels gefordert, nur um eine einzige Ortschaft an die Bahnstrecke anzuschließen. In anderen Fällen verhinderte der Erste Weltkrieg die Bauausführung und später ließ die zunehmende Konkurrenz des Straßenverkehrs den Neubau von Bahnstrecken, insbesondere im ländlichen Raum, nicht mehr zu. Die beiden letzten im Sauerland eröffneten Strecken von Plettenberg nach Herscheid und von Meinerzhagen nach Krummenerl blieben aus diesem Grund Stichbahnen, ließen sich wohl nie rentabel betreiben und sind auch recht früh im Personenverkehr wieder stillgelegt worden.

## Eisenbahnprojekte im Hochsauerland

Manches Vorhaben, als Hauptstrecke geplant, wurde aber wenigstens in Teilstücken als Nebenbahn realisiert. Bereits 1861 war das Projekt einer Eisenbahnlinie von Grevenbrück aus durch das Wennetal nach Freienohl und weiter in Richtung Soest über Arnsberg und Neheim in der Presse angeregt worden. Ein Blick auf die Landkarte zeigt, dass hier bereits Teile der späteren Nebenbahn Finnentrop – Wennemen Gegenstand der Diskussion waren. 1874 war dieses Streckenstück sogar als Teilstück einer Fernverbindung Köln – Olpe – Meschede – Kassel konzessioniert. Auch das Streckenstück Schmallenberg – Altenhundem der Nebenbahn Altenhundem – Wenholthausen taucht 1874 in den Akten auf. Hier sollte ebenfalls eine Verbindung zwischen Kassel und Köln geschaffen werden, die ihren Weg aber über Bergheim und Schmallenberg genommen hätte.
Ein weiteres Sekundärbahnvorhaben betraf im Jahre 1897 den Aus- und Weiterbau einer schmalspurigen Grubenbahn der Westdeutschen Eisenbahn-Gesellschaft, die zwischen Bestwig und Ramsbeck verkehrte und als normalspurige Strecke über Bödefeld bis Fredeburg durch die Täler der Valme und Brabecke weitergeführt werden sollte. In einer Rede vor dem preußischen Landtag versuchte der Zentrumsabgeordnete Klocke im Jahre 1909 vor dem Landtag die Wichtigkeit des Baus dieser Linie deutlich zu machen. Als natürliche Fortsetzung der Linie Altenhundem – Fredeburg würde die Strecke einen großen und bisher vernachlässigten Teil des Sauerlandes erschließen und den Abbau von Arbeitsplätzen im Bergbau stoppen helfen. Er wies insbesondere darauf hin, dass die Rentabilität der Bahn durch die Erzvorkommen

in ihrem Einzugsbereich gesichert sei. Ein Jahr später stellte derselbe Abgeordnete in einer neuen Rede vor dem Landtag den Rentabilitätsgedanken zurück und rückte – wohl weil es sich um eine vom Staat zu bauende Strecke handelte – verkehrspolitische und raumplanerische Gesichtspunkte in den Mittelpunkt seiner Überlegungen. Mehrere weitere Vorstöße im Landtag führten dann auch tatsächlich zu ersten Erfolgen. Die Eisenbahndirektion Kassel nahm im Jahre 1914 die allgemeinen Vorarbeiten für die normalspurige Nebenstrecke Bestwig – Ramsbeck – Bödefeld in Angriff. Vom Weiterbau bis Fredeburg war in diesem Jahr allerdings nicht die Rede. Die Hoffnungen der Bevölkerung im Raum Bödefeld wurden aber enttäuscht, denn der im selben Jahr ausgebrochene Erste Weltkrieg beendete alle weiteren Arbeiten. Erst zwanzig Jahre später wurde erneut über den Bau dieser Eisenbahnlinie nachgedacht. Angesichts der immer noch großen Zahl von arbeitslosen Menschen regte im Jahre 1934 der Fredeburger Bürgermeister in einem Brief an den Landrat in Meschede an, den Bahnbau als Arbeitsbeschaffungsprojekt zu nutzen. Dessen Vorstoß bei der Reichsbahndirektion Kassel blieb allerdings erfolglos. Mit dem Hinweis auf die geringe wirtschaftliche Bedeutung des betroffenen Gebietes und die inzwischen recht gute Erschließung durch Buslinien stoppte man endgültig die Diskussion um den Bahnbau.

Noch vor dem Bau der Strecke Altenhundem – Wenholthausen war die spätere Bahnstation Gleidorf kurz vor Fredeburg Zielpunkt einer weiteren projektierten Nebenbahnstrecke im Hochsauerland. Sie sollte die Stadt Berleburg mit Gleidorf/Fredeburg verbinden, um nach Fertigstellung der Altenhundemer Strecke für den Raum Berleburg auch eine Bahnverbindung in nördlicher Richtung zu schaffen. Der Schienenweg für die wichtigsten Absatzprodukte der Region, Erz und Schiefer, in Richtung Ruhrgebiet wäre durch diese Strecke erheblich verkürzt worden, weil man nicht mehr auf den Umweg über Erndtebrück/Kreuztal und die Ruhr-Sieg-Strecke angewiesen gewesen wäre. Erstmals verhandelte der Landtagsabgeordnete des Wahlkreises Siegen-Wittgenstein 1899 mit dem Ministerium für öffentliche Arbeiten. Nach eigenem Bekunden zeigte das Ministerium wenig Interesse, die generellen Vorarbeiten anzuordnen. Die zuständigen Beamten wiesen auf die bevorzugte Behandlung der Provinz Westfalen in den Jahren vor der Jahrhundertwende hin und wollten deshalb zunächst keine weiteren Eisenbahnlinien genehmigen. Daran konnte auch eine Eingabe des Berleburger Eisenbahnkomitees an das Abgeordnetenhaus im selben Jahr nichts ändern. Erst acht Jahre später wurde ein erneuter Versuch unternommen, das Ministerium in Berlin von der Notwendigkeit dieses Projekts zu überzeugen. Man sah sich durch eine zustimmende Haltung der Eisenbahndirektionen Elberfeld und Kassel zu diesem Schritt ermutigt, der aber letztlich auch erfolglos war. Bis ins Jahr 1914 hinein bemühte man sich weiter um die Strecke Berleburg – Gleidorf, dann beendete auch hier der Erste Weltkrieg alle weiteren Diskussionen.

Ein letztes Projekt im Hochsauerland betraf nicht den Neubau einer Bahnlinie, sondern deren Verlegung. Im Zusammenhang mit einer geplanten Trinkwassertalsperre im Negertal bei Winterberg sollte Ende der siebziger Jahre die Nebenbahn Winterberg – Nuttlar einer Neubaustrecke weichen. Trotz heftigen Widerstandes in der Bevölkerung hatte der Ruhrtalsperrenverein bereits mit den Vorarbeiten zum Bau eines Abschlussdammes begonnen. Eine Bürgerinitiative, die sich in dem kleinen Ort Brunskappel gebildet hatte, verhinderte mit einer erfolgreichen Beschwerde beim Bundesverfassungsgericht den Weiterbau. 1984 verfügte das höchste deutsche Gericht den Baustopp. Damit war auch die Streckenverlegung hinfällig geworden und so fahren auch weiterhin die Nahverkehrszüge Winterberg – Bestwig zur Freude der einheimischen Bevölkerung über die alte Trasse im Tal der Neger.

# Eisenbahnprojekte im Raum Meinerzhagen

Im Jahr 1892 wurde im oberen Volmetal der Streckenabschnitt Brügge – Meinerzhagen dem Verkehr übergeben. Kurz darauf begannen die Planungen über den Weiterbau in Richtung Olpe/Kreuztal. Der vorgesehene Streckenverlauf entsprach einem der drei Alternativentwürfe, die der Diskussion um die Streckenführung der Strecke Hagen – Siegen über dreißig Jahre früher zugrunde gelegen hatten. Die Strecke Meinerzhagen – Olpe – Kreuztal sollte allerdings nie in voller Länge fertiggestellt werden und bis zur Einweihung des ersten Abschnitts zwischen Meinerzhagen an der Volme und Krummenerl im Listertal vergingen noch 35 Jahre!

Die Schwierigkeiten begannen schon mit der Weigerung mehrerer Anrainer, ihre im Bereich des zukünftigen Bahnkörpers gelegenen Grundstücke zu veräußern. Die Enteignungsverfahren verzögerten die weiteren Arbeiten an der Strecke. Doch auch die topografischen Bedingungen waren alles andere als günstig. Gleich hinter dem Bahnhof Meinerzhagen musste ein Tunnelbauwerk errichtet werden und im Gebiet der Volmequelle sollte ein gewaltiger Damm zur Überwindung der Höhenunterschiede angelegt werden. Spätestens 1914 wurden die Planungen jedoch abgeändert; die Quellregion sollte nun mit einer Hangbrücke überwunden werden. Auch hier spielte aber der kurz darauf ausgebrochene Erste Weltkrieg eine für den weiteren Bahnbau verhängnisvolle Rolle. Zahlreiche Bahnarbeiter wurden zum Militärdienst eingezogen, andere mussten in die Rüstungsindustrie wechseln. Die Befürchtungen der einheimischen Bevölkerung, der Bahnbau könne ganz eingestellt werden, bestätigten sich bereits 1916. Zu diesem Zeitpunkt waren wesentliche Teile der neuen Eisenbahnlinie, insbesondere viele Kunstbauten, bereits fertiggestellt. Erst am 11. Dezember 1920 wurde die Eisenbahndirektion Elberfeld ermächtigt, mit dem Bahnbau zumindest bis Krummenerl fortzufahren. Allzu großes Interesse an der Nebenstrecke scheint aber nicht mehr bestanden zu haben, denn es dauerte wiederum sechseinhalb Jahre, bis der erste Zug von Meinerzhagen in Richtung Krummenerl abfahren konnte. Am 20. Juni 1927 wurde das Streckenstück in Anwesenheit des Präsidenten der Eisenbahndirektion Elberfeld eingeweiht. Tenor der zahlreichen Reden bei der Eröffnungsfeier war der Wunsch, die Strecke möge bald nach Olpe und ins Siegerland weitergebaut werden. Daraus ist niemals etwas geworden, obwohl noch mehrere Vorstöße unternommen wurden. 1934 teilte der Landrat des Kreises Altena als Antwort auf eine Denkschrift der Kreise Altena, Olpe und Siegen den betroffenen Gemeinden mit, die Zeit für Bahnbauten sei wegen der Entwicklung des Auto-, besonders des Lastwagenverkehrs und der Arbeiten an den Reichsautobahnen gegenwärtig ungünstig. Zu Beginn des Krieges bemühte die Stadt Meinerzhagen sogar die braunen Machthaber. Doch auch die winkten ab. Immerhin versprach der Gauleiter von Westfalen-Süd, nach Beendigung des Krieges noch einmal auf die Angelegenheit zurückkommen zu wollen. Dazu ist es dann aus bekannten Gründen nicht mehr gekommen. Dabei wäre der Weiterbau zumindest bis Olpe ohne große Schwierigkeiten möglich gewesen, denn es liegen nur fünf Kilometer zwischen dem Endpunkt Krummenerl und der Strecke Finnentrop – Olpe. Als Stichbahn hatte die Strecke dann niemals eine ernste Überlebenschance und so rollten auch nur für ganze 28 Jahre Personenzüge im Listertal. Am 2. Oktober 1955 fuhren die letzten Fahrgäste zwischen Krummenerl und Meinerzhagen. Güterverkehr findet allerdings auch 1999 noch statt. Steinbrüche in Krummenerl und mehrere Verlader in Scherl bei Meinerzhagen sorgen dafür, dass auch im oberen Volmetal noch Güterzüge rollen.

Zwei weitere Projekte im Raum Meinerzhagen blieben dagegen bereits in der Planungsphase stecken. Im Jahr 1902 brachten einflussreiche Steinbruchbesitzer, Industrielle und Landwirte eine Eisenbahnlinie von Meinerzhagen nach

Niederseßmar an der Strecke Olpe – Dieringhausen ins Gespräch. Bereits im Planungsstadium der Volmetalbahn hatte es vergebliche Bemühungen um eine andere Linienführung der Strecke Hagen – Dieringhausen ab Meinerzhagen gegeben. Nun wollte man die damaligen Ideen doch noch verwirklichen. Die Nebenstrecke sollte im Bahnhof Meinerzhagen beginnen und hinter dem Meinerzhagener Tunnel über Redlendorf ins Aggertal abschwenken. Der weitere Streckenverlauf hätte sich am Flüsschen Agger orientiert. In Grünenthal, Bredenbruch, Lantenbach, Becke und Mühlenseßmar sollten Haltepunkte oder Bahnhöfe errichtet werden. Auch in diesem Fall waren die Argumente für den Bahnbau ähnlich wie überall im Sauerland: man drohte, indem auf die Abwanderung von Arbeitskräften hingewiesen wurde und lockte mit Standortvorteilen für eine sich möglicherweise ansiedelnde Industrie. Da die Strecke vom Staat gebaut werden sollte, versuchten die am Bahnbau interessierten Kreise außerdem, an dessen Verantwortung für die Raumplanung zu appellieren. Der Bau der Bahnstrecke ist trotzdem offenbar niemals ernsthaft in Erwägung gezogen worden; vielleicht lag es daran, dass im Jahre 1902 ein Standortvorteil „Wasserkraft der oberen Agger" nicht mehr so recht überzeugen konnte.

Zehn Jahre später erschien eine Denkschrift zu einem Nebenbahnvorhaben, das ebenfalls in Meinerzhagen seinen Anfangspunkt besaß. Kern der Überlegungen war, Volme- und Lennetalbahn durch eine einspurige Nebenstrecke miteinander zu verbinden. Die geplante Linie sollte von Meinerzhagen über Wiebelsaat, Lengelscheid, Stottmert, Brüninghausen, Eveking und Kleinhammer nach Werdohl führen und hätte damit von Brüninghausen aus denselben Weg wie der Werdohler Strecke der KAE genommen (s.o.). Zwar fand das Eisenbahnprojekt zahlreiche Fürsprecher, besonders unter den Industriellen im Versetal, eine Notwendigkeit zum Bau der Strecke scheinen die verantwortlichen Behörden aber nicht gesehen zu haben, zumal zeitgleich eine wesentlich sinnvollere Volme – Lenne-Bahn im Raum Lüdenscheid (s.u.) im Gespräch war. Zwar wanderten die Pläne nicht gleich in die Schublade, der zwei Jahre später ausgebrochene Erste Weltkrieg stoppte dann aber wie auch in anderen Fällen endgültig alle Initiativen.

## Eisenbahnprojekte im Raum Lüdenscheid

Nach Fertigstellung der Steilstrecke Brügge – Lüdenscheid stellte sich schnell heraus, dass diese Strecke keine optimale Verkehrsanbindung der auch damals schon recht großen Stadt Lüdenscheid bot. Einerseits war der Fahrweg Richtung Hagen durch Lösenbach- und Volmetal recht lang, andererseits fehlte auch eine Gleisverbindung nach Osten in Richtung Lennetal. In den fünf Jahrzehnten danach wurde von Seiten der Stadt zäh um eine Verbesserung dieser Situation gerungen. Alle Pläne, die im Laufe der Zeit entstanden, lassen sich einteilen in solche, die den Interessen des Magistrats der Stadt entgegenkamen und solche, die die Wünsche der Eisenbahndirektion in Elberfeld berücksichtigten. Während die Stadtväter (Stadt"mütter" gab es damals noch nicht) eine schnellere Verbindung nach Hagen favorisierten, kam es der Direktion darauf an, ein zweites Gleis von Brügge nach Lüdenscheid in der Weise zu verlegen, dass ein lästiges Umsetzen der Lokomotive im Bahnhof Brügge vermieden werden konnte.

Anfang des Jahrhunderts wurde in der Presse über eine Schmalspurbahn von Augustenthal (KAE-Station) nach Brügge diskutiert, die eine Verbindung von Volme- und Lennetal geschaffen hätte. Viele Leser der Lokalpresse, die sich damals kritisch mit den Plänen auseinandersetzten, bewiesen große Sachkenntnis. Sie wiesen in Leserbriefen darauf hin, dass Schmalspurbahnen nur dem Nahverkehr dienen können. Ein ausgebautes Kleinbahnnetz sei zwar sinnvoll, aber nur dann, wenn die anderen Verkehrswege gut ausgebaut seien. Davon könne aber im Raum Lüdenscheid überhaupt nicht die Rede sein. Aus diesem Grunde verlangten die Autoren der Leserbriefe unter allen Umständen eine Normalspurstrecke zwischen Lenne- und Volmetal.

Diese wurde auch bald Gegenstand hitziger Auseinandersetzungen zwischen dem Magistrat der Stadt Lüdenscheid und der Eisenbahndirektion Elberfeld. Wie schon oben angedeutet, wollten die Interessenvertreter Lüdenscheids in erster Linie eine schnellere Verbindung nach Hagen erreichen. Zu Beginn des Jahrhunderts gingen 69 % des Güterverkehrs der Station Lüdenscheid nach Hagen, so dass die Forderung nicht ganz unbegründet erschien. Die vorgeschlagene Neubaustrecke sollte in Ambrock (Heute Hagen-Ambrock) oder Dahl von der bestehenden Strecke Hagen – Brügge abzweigen. Sie wäre mit 25,3 km (Ambrocker Variante) oder 25,8 km (Dahler Variante) um rund sieben Kilometer kürzer gewesen als die bestehende Verbindung über Brügge (32,4 km). Ein weiterer Vorschlag sah vor, die neue Strecke erst in Schalksmühle von der Volmetalbahn abzweigen zu lassen. Die Eisenbahndirektion Elberfeld hatte aber ganz andere Pläne. Ihr Vorschlag, von Brügge aus eine Neubaustrecke zu bauen, stieß in Lüdenscheid auf heftigen Widerstand. Die verschiedenen Streckenvarianten, von denen der Plan (s.Abb.) nur eine wiedergibt, hatten aus Sicht des städtischen

**Eisenbahn-Verbindung Hagen – Lüdenscheid.**

**Uebersichtskarte.**

Bestehende Linie (schwarz) ———

**Brügge-Lüdenscheid** 6,4 km

**Hagen-Brügge-Lüdenscheid** **32,4 km**

Projekt der Eisenbahn-Direktion (rot) ▪▪▪▪▪▪

**Brügge-Elspe-Lüdenscheid** 9,5 km

**Hagen-Brügge-Elspe-Lüdenscheid** **35,5 km**

Projekt der Stadt Lüdenscheid (rot) ▶▶▶▶▶

**Hagen-Dahl-Lüdenscheid** 14 + 11,8 km = **25,8 km**

oder

**Hagen-Ambrock-Lüdenscheid** 16 + 9,3 km = **25,3 km**

Die wirtschaftlichen Interessen von **Lüdenscheid u. Umgegend** erfordern gebieterisch eine **möglichst kurze und schnelle Verbindung** mit dem **Eisenbahnknotenpunkt Hagen,** der nächstgelegenen Station des Westens, über welche der gesamte internationale Schnellzugverkehr geht.

Nach den Erhebungen der Eisenbahn-Direktion gehen z. Zt. **69 % des Güterverkehrs** der Station Lüdenscheid **über Hagen.** Eine **wesentliche** Verschiebung wird auch in Zukunft **nicht** eintreten (40 % des Wagenladungsverkehrs entfallen auf Kohlenbezüge).

**Lüdenscheid hat nächst Dortmund den größten Postpaket-Versand** des Oberpostdirektionsbezirks Dortmund, der gleichfalls zum **weit überwiegenden** Teil über Hagen geht.

Die **jetzige Strecke Brügge-Lüdenscheid** wird durch eine Linie Lüdenscheid-Ambrock-Hagen derart **entlastet, daß sie nach**

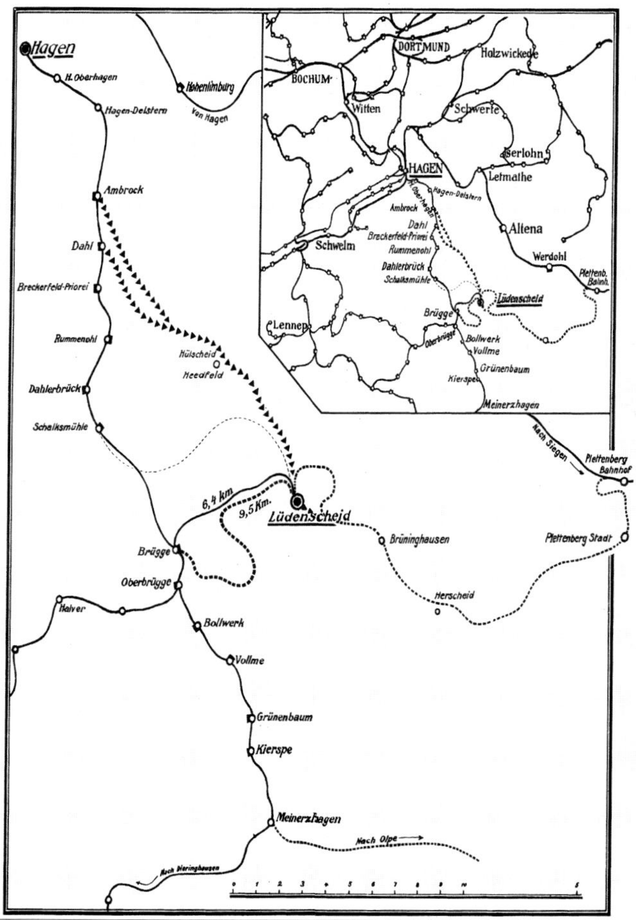


**Herstellung einer direkten Verbindung Lüdenscheid - Wipperführt - B. Gladbach - Köln für den Verkehr mit dem Westen noch für viele Jahre völlig ausreicht.**

Die für den **Bahnhof Brügge** vorgesehenen **Erweiterungsanlagen** werden nach dem 2gleisigen Ausbau der oberen Vollmetalbahn und der Ausführung des Projekts Meinerzhagen-Olpe-Kreuztal **voll und ganz ausgenutzt werden.** (Güterverkehr Hagen-Meinerzhagen-Siegen).

Durch das **Projekt der Eisenbahn-Direktion** tritt eine **Verlängerung** der **jetzigen Bahnverbindung Hagen-Lüdenscheid um 3,1 km** ein; das **Projekt Lüdenscheid-Ambrock-Hagen vermindert** dieselbe um **7,1 km.** Die **Differenz zwischen dem Projekt der Eisenbahn-Direktion und dem Projekt der Stadt Lüdenscheid beträgt 10,2 km — fast 1/3 der seitherigen Strecke.**

Das Projekt Lüdenscheid-Ambrock-Hagen ist nach der vorliegenden speziellen Bearbeitung **ohne größere technische Schwierigkeiten** bei einer **Steigung von 1 : 50** auszuführen. Das Projekt der Eisenbahn-Direktion weist **dieselben Steigungsverhältnisse** auf.

Lüdenscheid hat bereits **Eisenbahnopfer von mehr als 1 Million Mk. gebracht.** Keine deutsche Industriestadt, die gleich Lüdenscheid mit der ganzen Welt in Geschäftsverbindung steht, hat so ungünstige Verkehrsverhältnisse als dieser Platz! **Nach mehr als 30 jährigem Ringen um eine durchgreifende Verbesserung derselben will man jetzt ein Projekt zur Ausführung bringen,** das eine **Verschlechterung bedeutet. Es muß mit allem Nachdruck Protest erhoben werden!**

Magistrats einen entscheidenden Fehler: Sie waren länger als die bestehende Strecke und hätten dadurch kaum eine Fahrzeitverkürzung gebracht. Auch bei der Diskussion um die Weiterführung der Nebenbahn vom Lüdenscheider Bahnhof aus in Richtung Herscheid kam es zu Differenzen. Die von der Stadt Lüdenscheid favorisierte Linie hätte zwar die Untertunnelung des Stadtzentrums erforderlich gemacht, aber das lästige Kopfmachen, das ja bereits in Brügge zum Ärgernis geworden war, erspart. Warum die Eisenbahndirektion in Elberfeld mehrere längere Planvarianten unter Beibehaltung des Lüdenscheider Kopfbahnhofs vorlegte, von denen hier auch nur eine abgedruckt ist, ist bis heute kaum verständlich.

Trotz heftigster Proteste aus Lüdenscheid setzte die Elberfelder Direktion ihre Vorstellungen durch und begann noch vor dem ersten Weltkrieg mit den ersten Baumaßnahmen der sogenannten „Schleifenbahn". Dieser in der Lokalpresse geprägte Name entstand, weil der 401 Meter über NN gelegene Lüdenscheider Bahnhof bei einer geplanten Maximalneigung von 1:50 nur mit Hilfe eines weit nach Südosten ausgreifenden Bogens erreicht werden konnte. Bis ins erste Kriegsjahr des Ersten Weltkriegs wurde an der neuen Strecke gebaut, dann erfolgte die Einstellung aller Arbeiten. Nach dem Krieg gab die Bahn ihre Planungen zwar nicht vollständig auf – so sah der Haushaltsplan des Reichsverkehrsministeriums für das Jahr 1922 noch 6.115.000 Mark für eine Nebenbahn Lüdenscheid – Herscheid vor – die wirtschaftlichen Probleme der Nachkriegszeit verhinderten aber den Weiterbau. Ende der dreißiger Jahre gab es dann noch einmal konkrete Planungen der Reichsbahndirektion Wuppertal, ein zweites Gleis von Brügge nach Lüdenscheid zu verlegen. Wiederum versuchte die Stadt Lüdenscheid vergeblich, die kürzere, aber wesentlich teurere Strecke nach Ambrock durchzusetzen. Abermals vereitelte ein Weltkrieg – diesmal endgültig – alle Vorhaben zur Verbesserung der Verkehrsanbindung Lüdenscheids.

Wenn man bedenkt, dass die lange Fahrzeit von 43 Minuten für die 32,4 Kilometer lange Strecke Hagen – Lüdenscheid heute ein Hauptgrund für die mangelnde Attraktivität der Eisenbahn im Raum Lüdenscheid ist, lässt sich unschwer vorstellen, welche Bedeutung einer Nebaustrecke Ambrock – Lüdenscheid für die Konkurrenzfähigkeit der Eisenbahn im westlichen Sauerland zugekommen wäre. Auf dieser Strecke hätte nämlich bei einer durchschnittlichen Geschwindigkeit von 50 km/h die Fahrzeit nach Hagen etwa 30 Minuten betragen.

# 11. Nahverkehrsplan des Märkischen Kreises – Eine Chance für die Bahn im westlichen Sauerland?

Mit der Regionalisierung des Öffentlichen Nahverkehrs seit dem 1. Januar 1996 sind im Sauerland Märkischer Kreis, Kreis Olpe und Hochsauerlandkreis verantwortlich für Planung, Organisation und Ausgestaltung des öffentlichen Personennahverkehrs. Die beiden großen Kreise im Norden des Sauerlandes – Märkischer Kreis und Hochsauerlandkreis – haben zur Wahrnehmung dieser Aufgabe mit den Kreisen Soest und Unna und der kreisfreien Stadt Hamm den „Zweckverband Schienenpersonennahverkehr Ruhr-Lippe (ZRL)“ mit Sitz in Unna gegründet. Welche Möglichkeiten sich aus der veränderten Trägerschaft für den Schienenverkehr im Sauerland ergeben, soll am Beispiel des Märkischen Kreises dargestellt werden, durch den fünf der neun Sauerländer Eisenbahnstrecken mit Personenverkehr führen.

Nachdem das Land Nordrhein-Westfalen am 7. 3. 1995 das „Gesetz zur Regionalisierung des öffentlichen Schienenpersonennahverkehrs sowie zur Weiterentwicklung des ÖPNV“ verabschiedet hatte, beschloss der Kreistag des Märkischen Kreises am 21. 3. 1996 die Aufstellung eines Nahverkehrsplanes, der auf einem bereits früher in Auftrag gegebenen Vorentwurf basieren sollte. Ziel des Planes war es, Vorschläge für die optimale Verknüpfung aller Verkehrsmittel zu machen. Die vorgesehenen Maßnahmen wurden drei Realisierungstufen zugeordnet, deren erste bei gesicherter Finanzierung zum Fahrplanwechsel 1999 umgesetzt werden könnte.

Die Analyse der vorhandenen Angebots- und Nachfragestrukturen des Schienenpersonennahverkehrs durch ein Ingenieurbüro ergab eine recht gute Netzqualität im Märkischen Kreis. Etwa 77 % der Bevölkerung sind an das Schienennetz angebunden. Die Linienführung der zur Zeit betriebenen Strecken entspricht auch den starken Verkehrsverflechtungen vor allem des nördlichen Märkischen Kreises mit dem Ruhrgebiet. Leider trägt das Fahrplanangebot diesen optimalen Voraussetzungen und den wachsenden und sich wandelnden Mobilitätsbedürfnissen der Bevölkerung wenig Rechnung. Auf allen Strecken wird lediglich ein Stundentakt angeboten, der am Wochenende stark ausgedünnt ist. Nur auf der Ruhr-Sieg-Strecke und der Nebenbahn von Iserlohn nach Dortmund gibt es eine Taktverdichtung in der Hauptverkehrszeit. Ein weiterer Wettbewerbsnachteil ergibt sich für die Bahn in Tagesrandlagen, denn der Reisende hat vor allem spät abends kaum die Möglichkeit, mit der Bahn zu seinem Bestimmungsort zu gelangen.

Ebenfalls schlecht bewertet wurden die Umsteigemöglichkeiten zwischen Bahn und Bus. Hier wurde die fehlende fahrplanmäßige Abstimmung in beide Umstiegsrichtungen neben fehlenden Hinweisen auf Umsteigemöglichkeiten bemängelt. In der Notwendigkeit des Umsteigens mit seinen aufgeführten Mängeln sahen die Gutachter denn auch die Haupthemmschwelle bei der Nutzung öffentlicher Verkehrsmittel.

Auch in tariflicher Hinsicht war die Situation für den Schienennahverkehr bisher unbefriedigend. Während der Märkische Kreis zum Verkehrsverbund Ruhr-Lippe (VRL) gehört, seine Bahnstrecken aber nicht in dieses Tarifsystem integriert sind, grenzt an den Kreis im Nordwesten der Verkehrsverbund Rhein-Ruhr (VRR). Die wichtigsten Eisenbahnstrecken des Märkischen Kreises – die Linien von Lüdenscheid und Iserlohn nach Dortmund und die Ruhr-Sieg-Strecke – führen aus dem

Märkischen Kreis in das Tarifgebit des VRR. Bis vor kurzem konnten die Fahrgäste aus dem ländlichen Sauerland die günstigen Tarife des Verkehrsverbundes aber nicht nutzen. Seit 1996 gibt es nun einen Übergangstarif, so dass Reisende mit einem einzigen Fahrausweis mit Bus und Bahn aus dem gesamten Märkischen Kreis in das Tarifgebiet des VRR reisen können. Die Wettbewerbssituation der Bahn im westlichen Sauerland hat sich dadurch bereits verbessert.

Die in der Vergangenheit ausgebliebenen Investitionen in die Infrastruktur der Nebenstrecken hat die Bahn ebenfalls zu einer kaum ernstgenommenen Alternative zum Individualverkehr werden lassen. Bahnhöfe und Bahnanlagen im Märkischen Kreis sind in einem Zustand, der die Absicht der Bahn, sich aus der Fläche zurückzuziehen, deutlich werden lässt.

Auf der Basis der aktuellen Situation des Schienennahverkehrs im Märkischen Kreis schlägt der Nahverkehrsplan eine Reihe von Maßnahmen vor, die zur Wettbewerbsfähigkeit dieses Verkehrsträgers beitragen und in mehreren Stufen verwirklicht werden sollen.

Wichtigste Voraussetzung dafür ist zunächst einmal der Erhalt der vorhandenen Strecken. Zwar sind zur Zeit nur neun der fünfzehn Kommunen des Kreises an den Schienenpersonennahverkehr angebunden, bis auf eine Gemeinde (Herscheid) haben aber alle noch einen Gleisanschluss. Eine Strecke (Halver – Oberbrügge) ist inzwischen leider auch für den Güterverkehr stillgelegt worden. Der Märkische Kreis sollte sich nach Ansicht der Gutachter darum bemühen, zunächst einmal den Abbau dieser Linie zu verhindern und den Bestand der anderen Strecken zu sichern. Erfahrungsgemäß sind nämlich die Chancen für eine Reaktivierung von Strecken nach einer erfolgten Stilllegung eher schlecht.

Für eine Reaktivierung im Personenverkehr stillgelegter Bahnstrecken kommen in erster Linie die obere Volmetalbahn von Brügge über Meinerzhagen nach Dieringhausen (1986 im Personenverkehr stillgelegt) und die Lücke zwischen Iserlohn und Menden (1989 stillgelegt) in Frage. Die zuletzt genannte Strecke verläuft entlang einer bedeutenden Siedlungsachse mit beachtlichem Verkehrsaufkommen. Zumindest zwischen Hemer und Menden sollte der Schienenpersonenverkehr wieder aufgenommen werden; für das Reststück Iserlohn – Hemer kommt auch ein stadtbahnähnlicher Betrieb auf neuem Gleiskörper im Stadtgebiet in Frage.

Für das obere Volmetal haben Märkischer und Oberbergischer Kreis ein Gutachten über ein mögliches Betriebskonzept in Auftrag gegeben. Sollte das Ergebnis positiv ausfallen, ist auch an eine mögliche Zubringerfunktion der Strecke Oberbrügge – Halver zu denken, deren Fahrplan auf den der Volmetalbahn abzustimmen wäre.

Für das Reststück der ehemaligen Strecke Plettenberg – Eiringhausen – Herscheid zwischen Plettenberg – Eiringhausen und Plettenberg Oberstadt verweist der Nahverkehrsplan des Märkischen Kreises auf Forderungen der Stadt Plettenberg, einen stadtbahnähnlichen Betrieb mit Leichttriebwagen auf Rentabilität zu untersuchen. Sogar die erneute Aufnahme des Personenverkehrs in Richtung Herscheid sollte ins Auge gefasst werden.

Neben der Reaktivierung stillgelegter Strecken sehen die Gutachter des Nahverkehrsplans auch in der Verbesserung der Streckeninfrastruktur eine wichtige Voraussetzung zur Verbesserung der Wettbewerbsfähigkeit des Schienenverkehrs. Fast alle Strecken im Märkischen Kreis weisen einen hohen Sanierungsbedarf auf. Hier ist die DB gefordert, durch Instandsetzungsarbeiten die Betriebssicherheit und Leistungsfähigkeit des Netzes sicherzustellen. Hierzu gehört auch der Wiederaufbau des zweiten Streckengleises der Volmetalbahn zwischen Brügge und Hagen-Delstern. Jede Betriebsstörung auf der Strecke führt derzeit zu Verspätungen, weil alle Regionalbahnen aus Richtung Lüdenscheid in Rummenohl den Gegenzug aus Dortmund abwarten müssen. Nur so können ein wünschenswerter Halbstundentakt und die geforderte Erhöhung der Streckengeschwindigkeit, die auf allen Nebenstrecken des Märkischen Kreises dringend geboten ist,

**Um die Fernverkehrszüge im Lennetal zu beschleunigen, müssten schon Neigetechnikzüge eingesetzt werden (IR Frankfurt – Münster am 17. August 1996 in Altenhundem)**

Wirklichkeit werden. Eine Reaktivierung der oberen Volmetalbahn bei eingleisigem Betrieb unterhalb von Brügge ist ebenfalls undenkbar. Für die Ruhr-Sieg-Strecke wird zur Verkürzung der Fahrzeiten der Einsatz von Neigezügen vorgeschlagen, weil ein Streckenausbau aus topographischen und finanziellen Gründen ausscheidet.

Weil sich die Siedlungsschwerpunkte im Märkischen Kreis in den letzten Jahrzehnten ausgeweitet und dabei von bestehenden Haltepunkten des Schienenverkehrs wegentwickelt haben, ist es dringend erforderlich, der möglichen Nachfrage entsprechend neue Haltepunkte einzurichten. Zur Anbindung des auf den Lennehöhen liegenden Ortsteils Wiblingwerde (Gemeinde Nachrodt-Wiblingwerde) an die Strecke Hagen – Siegen wird deshalb die Wiedereröffnung des Haltepunktes Einsal zwischen Altena und Letmathe vorgeschlagen. In Iserlohn sollten in den Ortsteilen Nußberg und Gerlingsen an der Strecke nach Schwerte/Dortmund zwei Haltepunkte neu errichtet werden.

Der Nahverkehrsplan empfiehlt darüber hinaus eine wesentliche Verbesserung des Fahrplanangebots, die in Zukunft im gesamten Bundesland Nordrhein-Westfalen durch die Einführung des bereits in Süddeutschland und der Schweiz erfolgreichen sogenannten Integralen Taktfahrplans (ITF) sichergestellt sein soll. Im gesamten Geltungsbereich eines solchen Fahrplans werden die Züge in gleichbleibenden Taktintervallen gefahren. Sämtliche Züge verkehren auf Linien mit festen Start- und Zielbahnhöfen. Die Verknüpfung der einzelnen Linien untereinander und mit den Buslinien erfolgt an sogenannten „Knotenbahnhöfen". Die Linienfahrpläne müssen möglichst so aufeinander abgestimmt sein, dass im Idealfall innerhalb kürzester Zeit auf möglichst vielen Knotenbahnhöfen Anschlüsse in alle Richtungen möglich sind. Seit dem Fahrplanwechsel 1998 ist die erste Stufe des Integralen

Taktfahrplans Realität, eine zweite Stufe ist für das Jahr 2001 vorgesehen.
In Stufe eins ging es – wie bereits in Kapitel 1 dargelegt – um die Festschreibung eines Mindestzugangebots. Die wesentlichen Mängel im Fahrplanangebot sind damit allerdings nicht beseitigt. Fehlende Fahrmöglichkeiten besonders in den Abendstunden und am Wochenende lassen die Wettbewerbssituation des Schienenpersonennahvekehrs im Märkischen Kreis weiterhin ungünstig erscheinen. Der Nahverkehrsplan empfiehlt deshalb, mit Umsetzung der zweiten Stufe des Integralen Taktfahrplans ab 2001 diese Angebotsmängel zu beseitigen.
Dazu gehört ein Halbstundentakt auf allen Schienenstrecken bis 20 Uhr, danach und an Wochenenden sollte eine Stundentakt ausreichend sein. Das Schienenverkehrsangebot muss aber unbedingt bis 23 oder 24 Uhr täglich, an Wochenenden auf nachfragestarken Linien sogar noch länger, aufrecht erhalten werden. Auf jeden Fall ist sicherzustellen, dass von den letzten Fernverkehrszügen noch Verbindungen in die Region bestehen. Dies beträfe vor allem die Strecken Unna – Fröndenberg – Neuenrade, Dortmund – Iserlohn und Dortmund – Hagen – Lüdenscheid.
Ohne ein einheitliches Tarifsystem machen freilich nicht nur die Vorschläge des Nahverkehrsplans, sondern auch der in einer ersten Stufe bereits realisierte Integrale Taktfahrplan Nordrhein-Westfalen wenig Sinn. Was nützen schnelle Anschlüsse, wenn der Kunde sich mehrfach um neue Fahrausweise bemühen muss?
Für ganz Nordrhein-Westfalen ist deshalb die Einführung eines landesweiten Regionaltarifs (Regionaltarif NW) angekündigt worden. Das Nebeneinander von Flächentarifen der verschiedenen Verkehrsgemeinschaften und Streckentarifen der DB wäre damit beseitigt. Bis zur Einführung dieses Tarifsystems wird die Beibehaltung des derzeit gültigen Übergangstarifs zum Verkehrsverbund Rhein-Ruhr empfohlen.
Auch das Umfeld der Bahnhöfe und Haltepunkte im Märkischen Kreis trägt nach Ansicht der Gutachter des Nahverkehrsplanes nicht dazu bei, Autofahrer zum Umsteigen in die Bahn zu bewegen. Jahrelange Vernachlässigung der baulichen Anlagen durch die Bahn, schlechte Erreichbarkeit, ein Umfeld, das dem Sicherheitsbedürfnis der Fahrgäste kaum Rechnung trägt, und wenig attraktive Aufenthaltsmöglichkeiten erfordern eine umfassende Sanierung der meisten Bahnhöfe und Haltepunkte. In Lüdenscheid, Schalksmühle und Iserlohn sind bereits Maßnahmen zur Verlegung oder Neugestaltung der Bahnhöfe angelaufen. Grundsätzlich fordern die Gutachter eine funktionstüchtige Mindestausstattung, bestehend aus Fahrplan, Umgebungsplan, Beleuchtung, Wetterschutz, Sitzgelegenheiten, Uhr, Lautsprecher für Durchsagen, Fahrkartenautomat und Fahrradständern.
Die Vorschläge für eine Attraktivitätssteigerung des Schienenpersonenverkehrs im Märkischen Kreis sind Empfehlungen eines Gutachterteams. In welchem Umfang sie realisiert werden können und ob sie politisch überhaupt gewollt sind, ist derzeit noch völlig offen. Einige der geforderten Verbesserungen haben im Hinblick auf die Wettbewerbsfähigkeit des Schienenverkehrs allerdings den Charakter einer „conditio sine qua non". Dazu gehört in erster Linie eine wesentliche Verkürzung der Fahrzeiten auf den Nebenstrecken. Zwischen Lüdenscheid und Hagen beispielsweise sollte eine Fahrzeit von nicht wesentlich mehr als 30 Minuten angestrebt werden, denn die Fahrt mit dem PKW über die A 45 (Sauerlandlinie) dauert je nach Verkehrsaufkommen 20 bis 30 Minuten. Zu diesen Mindestanforderungen gehört darüber hinaus der Regionaltarif und ebenso eine optimale Verknüpfung von Bus und Bahn im Innern der Städte und Gemeinden. Wenn dann noch das Umfeld – saubere Bahnananlagen und Züge – stimmt, hat die Bahn im Sauerland, insbesondere auf den ins Ruhrgebiet führenden Strecken, eine Überlebenschance.

# Quellenverzeichnis


Otto Budde, Die Kreis Altenaer Eisenbahn 1887 – 1962, Lüdenscheid 1962

Hermann Bürnheim, Gerhard Moll, Die Kreis Altenaer Eisenbahn, Freiburg 1983

Roland Büttner, Meinerzhagener Geschichten, Meinerzhagen 1981

Deutsche Reichsbahn/Deutsche Bundesbahn/Deutsche Bahn AG, verschiedene Kursbücher und Buchfahrpläne

Konrad Fuchs, Die Erschließung des Siegerlandes durch die Eisenbahn, Wiesbaden 1974

Matthias Fuhrmann (Hrsg.), Deutsche Bahnbetriebswerke, München 1991 – 1998
daraus:
Rudolf Inkeller, Bw Brügge
Rudolf Inkeller, Bw Olpe
Lutz Münzer, Bw Frankenberg
Verein Bahnbetriebswerk Dillenburg (Red.), Bw Dillenburg
Wolf-Detlef Schulz, Bw Hagen-Eckesey
Matthias Fuhrmann, Bw Bestwig
Matthias Fuhrmann, Bw Betzdorf
Matthias Fuhrmann, Bw Finnentrop
Matthias Fuhrmann, Bw Gießen
Matthias Fuhrmann, Bw Dieringhausen
Matthias Fuhrmann, Bw Siegen

Handbuch der deutschen Eisenbahnstrecken, Dumjahn Verlag, Mainz 1984

Wolf Dietrich Groote/Ulrich Kodinger, Die Märkische Museumseisenbahn, Nordhorn 1994

Wolf Dietrich Groote/Ulrich Kodinger, Die Fahrzeuge der Sauerländer Kleinbahn, Manuskript 1997

Josef Högemann, Die Eisenbahn im Altkreis Brilon, Lübbecke 1998

Klaus D.Holzborn, Endstation Hagen, in: Eisenbahnmagazin 12/87, S. 20 – 23

Klaus Hübner/ Rembert Wösthoff, Nahverkehrsplan Märkischer Kreis (Entwurf), Düsseldorf 1997

Rudolf Inkeller, Das Bw Brügge/Westf., in: Eisenbahnjournal 9/1993, S. 22 – 29

Wolfgang Klee, Brilon Wald, in: Eisenbahnmagazin 11/89, S.103 – 107

Kodinger, Reckert, Bergfeld, 10 Jahre Märkische Museumseisenbahn, Plettenberg 1992

Rolf Löttgers, Die Ablösung V100, Stuttgart 1987

Rolf Löttgers, Der Uerdinger Schienenbus, Stuttgart 1985

Rolf Löttgers, Von der Ruhr zur Sieg, in: Eisenbahn-Magazin 7/90,S. 28 – 33

Rolf Löttgers, Die letzten Dampfloks im Sauerland, in: Eisenbahnmagazin 11/87, S. 56 – 59

Rolf Löttgers, Kleinbahnen im Sauerland, Düsseldorf 1981

Wolf-Dietger Machel (Hrsg.), Neben- und Schmalspurbahnen in Deutschland, München 1994 – 1998
daraus:
Johannes Glöckner, Strecke Kirchen – Olpe – Finnentrop
Volker Großkopf, Hohenlimburger Kleinbahn
Michael Hafenrichter, Strecke Fröndenberg – Neuenrade

Josef Högemann, Strecke Nuttlar – Winterberg – Frankenberg
Christoph Riedel, Kreis Altenaer Eisenbahn
Christoph Riedel, Strecke Hagen – Dieringhausen/Lüdenscheid

Märkische Museumseisenbahn (Hrsg.), Das Lenne – Volme-Bahnprojekt, Plettenberg 1985

Otto Michaelsen, Die Eisenbahn im Rahmen des Biggeprojekts, in: Bundesbahn, Jg. 35, Heft 13/14, S. 597 – 603

Peter Müller/Günter Stalp, Unsere gute alte Straßenbahn, Iserlohn 1995

Rolf Ostendorf, Eisenbahnknoten Ruhrgebiet, Stuttgart 1987

Wieland G.Proske, Kopfmachen in Bad Wildungen, in: Eisenbahnmagazin 2/88, S. 74 – 77

Christoph Riedel, Die Bahn am Biggesee – eine fast neue Strecke, in: Eisenbahnmagazin 1/85, S. 20 – 22

Hans Wolfgang Rogl, Abseits der großen Strecken, Düsseldorf 1983

Schieferbergbau-Museum Schmallenberg-Holthausen (Hrsg.), Die Eisenbahn im Sauerland, Fredeburg 1989

H.Strobel, Chronik der Stadt Lüdenscheid, Lüdenscheid 1929

Wagner, Bäzold, Zschech, Lüderitz, Lokomotiv-Archiv Preußen, Bd. 1 – 4, Berlin 1990

Friedhelm Weidelich, Klusenstein im Hönnetal, in: Eisenbahnmagazin 3/88, S. 88 – 91

Burkhard Wendel, Die Hönnetalbahn und ihre Nachbarbahnen, Balve 1987

Benno Wiesmüller, Bahnhof Hallenberg, in: Eisenbahnmagazin 8/83, S. 81/82

(ohne Autorangabe), Bigge-Stausee verdrängt Eisenbahnlinie Finnentrop – Olpe, in: Erdkunde in der Schule, Jg. 4, S. 40/41, Hagen 1959/60

verschiedene Akten der Archive des Märkischen Kreises und der Stadt Lüdenscheid

# Bildnachweis

C. Bellingroth/Slg. Dr. Hörnemann: 48, 82 (2), 95, 99, 102, 105, 106o, 108, 145

C. Bellingroth/Slg. Reinshagen: 11, 17, 40, 49, 106u

Slg. H. Benninghaus: 16, 76u, 76m

H. Bickenbach: 36o, 78, 86

U. Busch: 76o

Slg. K. Fastenrath: 14, 32, 68, 70, 71, 74 (2)

Gerdes/Slg. Dr. R. Löttgers: 116

Th. Kersting: 50, 62o, 131

Slg. Lichte: 72, 73, 75

Dr. R. Löttgers: 115, 117, 118, 121, 122, 123, 127, 129

Middermann/Slg. Dr. R. Löttgers: 15, 125, 126

Chr. Riedel: 34 (2), 35 (2), 36u, 38 (2), 42 (2), 43 (2), 46 (2), 47, 54 (2), 55 (2), 58 (2), 59 (2), 62u, 63, 81, 84 (2), 85 (2), 87, 88, 89 (2), 90 (2), 92/93, 96 (2), 134 (2), 135, 138, 139, 142 (2), 143 (2), 146, 155

Slg. Riedel: 13, 69, 100, 111, 113

L. Rotthowe: 2, 18, 19, 29, 31, 41, 45, 52, 53, 57, 60, 61, 64, 103, 141

Schiffer/Slg. Riedel: 119

# Die Bücher für Ihr Hobby:

## Als Reiseführer und zum Schmökern:

**USA – mit dem Zug erleben**
Best.-Nr. 8570
ET: 4/99

**Schweiz – mit dem Zug erleben**
Best.-Nr. 8571
ET: 4/99

Die neue Reihe „...mit dem Zug erleben" vereint den praktischen Nutzen eines Reiseführers mit dem Informationsgehalt einer Dokumentation. Den Beginn machen zwei „Bahn-Traumländer" – die USA und die Schweiz!

Jeder Band enthält
- **allgemeine Informationen** über die Bahn im Land,
- viele **praktische Reisetips & Karten**,
- ausgewählte **Routenbeschreibungen**,
- **100 Bahn-Erlebnisziele** für Reisen und Ausflüge.

Helmut Mochel (Hg.):
Je 192 Seiten, über 170 z.T. farbige Fotos, Taschenbuch-Format 12 x 18 cm, kartoniert zum Mitnahme-Preis: je DM 29,80

## Taschenbücher Schienenverkehr – die Reihe mit Kompaktwissen:

Martin Pabst
**Straßenbahn-Fz. 1**
Dt. Straßenbahn-Typen
160 Seiten, über 140 Abbildungen (z.T. in Farbe)
Best.-Nr. 8511
nur DM 24,80

Martin Pabst
**Straßenbahn-Fz. 2**
Niederflur-/Stadtbahnwg.
160 Seiten, über 140 Abbildungen (z.T. in Farbe)
Best.-Nr. 8512
nur DM 24,80

Andreas Braun (Hg.)
**Neuauflage: DB-Fahrzeuge 1**
192 Seiten, 50 Farb- und 120 s/w-Abbildungen, Format 12 x 17 cm,
Best.-Nr. 8510
nur DM 19,80

Andreas Braun (Hg.)
**DB-Fahrzeuge 2: Wagen**
176 Seiten, ca. 50 Farb- und 100 s/w-Abb., Format 12 x 17 cm, Best.-Nr. 8513
nur DM 24,80

## Straßenbahn und Nahverkehr – fundierte Dokumentationen:

Hans G. Nolden
**Die Düsseldorfer Straßenbahn**
160 Seiten, ca. 45 Farb- und 110 s/w-Abb., Format 17 x 24 cm, geb., Best.-Nr. 8502
nur DM 39,80

Heiner Matthes
**Die Chemnitzer Straßenbahn**
160 Seiten, ca. 45 Farb- und 110 s/w-Abbildungen, Format 17 x 24 cm, geb.
Best.-Nr. 8501
nur DM 39,80

Pischek/Junghardt
**Die Münchner U-Bahn**
160 Seiten, ca. 40 Farb- und 150 s/w-Abbildungen, Format 17 x 24 cm, geb.
Best.-Nr. 8520
nur DM 39,80

Dieter Höltge
**Die Braunschweiger Straßenbahn**
160 Seiten, ca. 45 Farb- und 110 s/w-Abbildungen, Format 17 x 24 cm, geb.
Best.-Nr. 8500
nur DM 39,80

## Fundierte Bücher zur Eisenbahn: Berühmte Lokomotiven, neue Strecken und alte Technik

Hans-B. Schönborn
**Lok 2000**
144 Seiten, 50 Farb- und 80 s/w-Abbildungen, Format 17 x 24 cm, geb.
Best.-Nr. 8551
nur DM 39,80

Gohl / Madörin
**Universallok Re 4/4[II+III]**
144 Seiten, 50 Farb- und 80 s/w-Abbildungen, Format 17 x 24 cm, geb.
Best.-Nr. 8552
nur DM 39,80

Erich Preuß
**Hannover – Berlin**
160 Seiten, über 150 Abb. (z.T. in Farbe), Format 17 x 24 cm, geb.,
Best.-Nr. 8531
nur DM 39,80

Bernd Mühlstraßer
**Baureihe E 69**
160 Seiten, 50 Farb- und 100 s/w-Abb., Format 17 x 24 cm, geb.,
Best.-Nr. 8541
nur DM 39,80

Peter Bock
**Interzonenzüge**
240 Seiten, 200 Abb. (z.T. in Farbe), Format 17 x 24 cm, geb.,
Best.-Nr. 8533
nur DM 49,80

**Im gut sortierten Buchhandel – oder direkt beim GeraNova Verlag, D-80632 München**